GRAVITARE

关 怀 现 实 ， 沟 通 学 术 与 大 众

金观涛 [美]华国凡 著

控制论与
科学方法论

SPM
南方传媒 广东人民出版社
·广州·

图书在版编目（CIP）数据

控制论与科学方法论 / 金观涛，(美) 华国凡著.
广州：广东人民出版社，2025. 3. (2025. 7重印) -- (万有引力书系).
ISBN 978-7-218-18328-2

Ⅰ. O231；G304
中国国家版本馆CIP数据核字第2025MC2662号

KONGZHI LUN YU KEXUE FANGFA LUN
控制论与科学方法论
金观涛　　［美］华国凡　著

出 版 人：肖风华

丛书主编：施　勇　钱　丰
责任编辑：钱　丰　陈畅涌　龚文豪
特约编辑：王　淇　桑　田
营销统筹：陈　晔
营销编辑：龚文豪　常同同
责任技编：吴彦斌

出版发行：广东人民出版社
地　　址：广州市越秀区大沙头四马路10号（邮政编码：510199）
电　　话：（020）85716809（总编室）
传　　真：（020）83289585
网　　址：https://www.gdpph.com
印　　刷：广州市岭美文化科技有限公司
开　　本：889毫米×1194毫米　1/32
印　　张：7.5　字　　数：118千
版　　次：2025年3月第1版
印　　次：2025年7月第8次印刷
定　　价：78.00元

如发现印装质量问题，影响阅读，请与出版社（020-85716849）联系调换。
售书热线：（020）87716172

2025年版序言

年轻朋友徐书鸣告诉我们，广东人民出版社的编辑陈畅涌计划推动这本半个世纪前的著作再版时，我们有点意外。一般而言，当老年人回顾自己青年时代的作品时，除了感受到稚气之外，还能有什么呢？然而，在重读这本书时，我们却陷入了沉思，因为我们看到了自己这一代人进入哲学研究的出发点。

20世纪70年代末，本书以手抄本和油印本的形式广泛流传，我们曾用它作为教材给社会上各式各样的人上过课，从没有想过它应该属于哪一门学科或是哪一种类型的著作。本书的目的是让读者接受新知识时，激发独立思考的精神，让知识通过批判和反思形成融会贯通的智慧。讲得更准确一点，我们是想引进科学精神，改进中国人的常识理性以形成开放的心态。读者也许注意到，书中提到很多中国古人的例子，但没有一个是儒学的，也没有来自佛教的故事。这并不是说儒学和佛学不重要，而是我们必须形成反思中国文明大传统的更高的视野，才能理解儒学和佛教。在写这本讲义时，我们刚从道德乌托邦中走出来，厌恶种种道德说教和修身，还不具备研究儒学和中国式佛教以及中国人常识理性的能力。然而，既然目标已经确立，我们就会顺着这条道路走下去。

改革开放之后，科学普及出版社想出版这些手稿，我们才不得不将其定名。本书作者之一华国凡当时讲过，我们要写一本哲学家、工程师、医生、江湖儿女甚至是丐帮的案头书。1983年该书出版后，受到了广泛的欢迎，各界读者纷纷来信，给予我们鼓励。

今天人类正面临一个知识高度专门化的时代。当新知识纷至沓来，人们无所适从，不得不从专家头衔或是否得过诺贝尔奖来判定种种超越专业的说法是否正确。相信专家和学术权威，不能说没有道理。但是，当没有人能把握知识全貌时，每个人只能遵循自己的内心和独立的思考。我们把这本从20世纪70年代僵化的思想方式中走出来寻找中国人新思维模式的习作，献给21世纪的读者，用它来纪念那个最有创造性的时代和已经去世的朋友。[①]

金观涛　华国凡
2024年10月 于深圳

[①] 在本书再版的过程中，我们尽可能保持原貌，但对全书的内容进行了校订，核对了引文出处，并调整了部分表述，使之更适应当下读者的阅读习惯。

1988年台湾版序[①]

台湾读者一定听说过这些年来席卷大陆的控制论、系统论、信息论（也称"三论"）热潮，本书就是这方面的著作之一。

这本书从写作、出版差不多历时10个年头。最初它是我们给学生写的讲义，在1974—1975年曾以油印本的形式在地下流传，1983年才正式出版。今天书中的内容、概念以及各种词汇已十分普及。

当初，我们本着向中国读者普及控制论和科学方法论的目的，写出这本书，故没有清楚地交代书中很多概念的来由。其实书中的一些概念已融入了我们自己的创造。本书的写作尽力采取中国人喜闻乐见的形式，同时我们也增加了很多自己多年思考的成果，例如可能性空间、共轭控制、突变理论和质变的关系、组织论模式等等。因此，台湾读者不必因本书构架和许多概念与欧美流行的控制论（cybernetics）、控制理论（control theory）有所不同而奇怪。我相信台湾读者会对书中的内容感兴趣的，并通过本书看到作者的探索道路。

---

① 本序言系金观涛为《控制论与科学方法论》在台湾谷风出版社的版本所作，收入本书时做了个别的文字校订。

因本书另外一位作者华国凡先生目前在美国旧金山，故只能由我一个人来撰写台湾版的序言。

金观涛
1988年春节前夕于中关村

1983年版序[①]

> 最伟大的东西是世界上最简单的东西，它和你自己存在一样简单。
>
> ——维韦卡南达（Swami Vivekananda，法号辨喜，19世纪印度哲学家）[②]

这是一本试图运用控制论、系统论的某些概念来介绍科学方法论的书。

促使我们来写这本小册子的，是10年前一个偶然的事件。

有一次，我们向一位化学界的老教授谈起控制论，认为这门和电子计算机一起成长起来的边缘科学，提供了许多有益的方法论启示。他不相信，他认为一切被称为方法论的东西无非事后诸葛亮，对科学研究无济于事。在争论中，他向

---

① 本序言系金观涛、华国凡为《控制论与科学方法论》在科学普及出版社的版本所作，收入本书时做了个别的文字校订。

② Swami Vivekananda. "My Plan of Campaign". In *The Complete Works of Swami Vivekananda*, Vol. Ⅲ, Advaita Ashrama, 1932, p. 225.

我们提出了挑战。当时他正在探索"的确良"①合成的新工艺，实验遇到巨大的困难；做出来的产品的黏度总是太低，一个多月来，还没有找到失败的原因。他说，如果你们的控制论真的能对科学方法论有所建树，就应该拿出解决的办法来。在他的提议下，我们这些既没有做过聚合实验，又没有足够的化学知识的外行，开始帮助他分析问题。我们发现，虽然老教授对这一具体的化学问题有比我们丰富的知识，但有一些在我们研究控制论的人看来极为简单的原则却被忽视了。比如，反应釜是一个黑箱，实验的目的是要控制化学反应朝某个方向进行。从控制论的角度来分析，为了控制反应，我们必须获得关于反应进行程度的足够的信息，并使信息系统构成负反馈体系。在分析了实验过程之后，我们认为失败的关键在于未能获得足够的信息量，因此不能形成有效的控制。这不是一个化学问题，而是一个控制方法的问题。为此，我们提出了一个简单的改进办法——建立一个新的仪器系统，准确及时地取得反应釜中变化的信息以及考虑信息的反馈。最初，老教授半信半疑。第二天，他和助手们开始考虑我们的方案，不到一个星期，实验就成功了。从此以后，老教授对控制论的方法论产生了浓厚的兴趣，并运用有关的原理又陆续完成了一些很出色的工作。他建议我们讲一讲控制论的方法论，认为这是一件有意义的事情。这本小册子就是在几个讲座的基础上写作而成的。

如果我们去追溯控制论的思想源流，就能发现它至少是

① 一种涤纶纺织物，通常用来做衬衫，流行于20世纪七八十年代的中国。

三条悠长的支流汇合的结果。

一条是数学和物理的发展。特别是19世纪末和20世纪初，美国科学家约西亚·威拉德·吉布斯（Josiah Willard Gibbs）提出了统计力学，20世纪20年代之后，量子力学又建立起来。有不少科学家认为，与其说我们这个世界建立在必然性之上，倒不如说是建立在偶然性之上，许多物理定律仅仅是大量事件统计平均的结果。科学的发展迫使人们回答必然性和偶然性之间的关系。于是，确定性与非确定性以及它们之间关系的研究成为科学界最热门的课题。概率论的成熟、热力学中"熵"和"信息"概念的提出，就是这一研究的逐步深入。

另一条支流是生物学和生命科学的进展。科学家早就发现，生物界不是一个充满必然性的机械世界，生物个体行为也不能用统计力学和量子力学所用的概率论来刻画。生命的活动中既有偶然性，也有必然性。生命是怎样把必然与偶然统一起来的？科学家对生命的机制产生了浓厚兴趣。20世纪三四十年代，生物学家提出了"内稳定"概念，意味着人类对这一问题的认识已推进到新的阶段，它直接为控制论的诞生奠定了基础。

第三条支流是人类对思维规律的探讨。它集中地反映在电脑研发和数理逻辑的进展，数学家特别是电脑的研制者们企图用数学来模拟人的思维过程。第二次世界大战前后，电脑的制造成为控制论成熟的前奏曲。

在20世纪40年代，标志着这三条支流汇合的科学著作终于出现了。美国数学家诺伯特·维纳（Norbert Wiener）在

1948年出版的《控制论：或关于在动物与机器中控制和通信的科学》（*Cybernetics Or the Control and Communication in the Animal and the Machine*）就是统一它们的最初尝试。尽管维纳的这本书中有许多错误，有很多大胆的但后来被证明是不妥当的设想，但这本书震动了科学界。科学家们被建立各门学科的统一方法论的雄心所吸引。一大批来自各个领域的专家纷纷互相对话，控制论、系统论成为第二次世界大战后直至今天都不可忽视的科学思潮。

由于控制论中含有把各门科学分支统一起来的科学方法论，它在各个领域中的运用都取得了辉煌的成果。经济控制论、社会控制论、工程控制论、生物控制论、信息论、教育控制论……一座座新兴的科学大厦在迅速建造中。但与此同时，对控制论方法本身的研究，反而显得薄弱了。这就造成一种印象：控制论方法是一种极度抽象高深的东西。特别是初学控制论的人，在碰到控制论中"信息""通道容量""滤波""超稳定系统"等一大堆名词时，往往被弄得晕头转向。控制论所运用的数学工具，往往令人望而生畏。那么，是不是不懂高等数学，就无法掌握控制论的基本方法呢？不是，控制论不是一门只能用数学来表达的科学。在这本书中，我们就打算抛开数学，从科学方法论的角度来谈谈控制论。我们力求以通俗的方式说明所涉及的问题，以便让从来没有接触过高等数学的读者也能毫不费力地跟大家一起讨论控制论，不至于因数学的隔阂而妨碍其对科学方法论的兴趣。

我们的讨论不一定局限在经典控制理论和系统论中，

而是拓展到整个科学领域，比如我们花了很大篇幅讨论了近年来出现的突变理论及其对哲学的贡献。而突变理论的出发点，是控制论中有关系统稳定性的问题。

读者显然不能指望从这本小册子中了解控制论的全貌。书中所引述的例子，一部分来自科学和生活等各个领域，一部分来自中国古典哲学。这是因为现代科学的某些思想往往在今天我们能够以精确的方式表达之前，就被我们的祖先留意到，有的甚至还被认真地研究过。

我们赞同一个说法：与其不断重复一句不会错的话，不如试着讲一句错话。它经常鼓励我们去考察那些虽不成熟但富有吸引力的新鲜思想，并把它们收集起来，跟大家一起讨论。

我们并不鼓励读者完全接受书中的每一个观点，但希望本书所提供的思考方式能有助于打开读者的思路。希望读者在读完本书后能提出更多的问题并斧正本书的种种谬误。

金观涛　华国凡
1979年

目　　录

第一章　控制和反馈

有始也者，有未始有始也者，有未始有夫未始
有始也者。

——《庄子·内篇·齐物论》

1.1　可能性空间

一切科学研究都必须有一个出发点。几何学的大厦建
立在公理基础上，控制论和系统论的研究则开始于可能性
空间。

什么是可能性空间呢？我们先来举一个化学方面的例
子。很久以来，化学家发现有两种氨基酸分子，它们的化学
组成完全相同，不同的是原子的排列方式，化学家分别把它
们称为L型和D型旋光异构体。它们的化学性质相同，照理
说，它们都可能组成蛋白质。奇怪的是，人们发现今天地球
上所有生物的蛋白质都由L型氨基酸组成，这是怎么回事呢？
原来，D型氨基酸只能与D型氨基酸组成蛋白质，L型也只能
与L型组成蛋白质，D型不能与L型组成混合的蛋白质链。同
一型氨基酸组成的生物才能形成一个生命系统。这样，在生

命起源的最初阶段，大自然就面临一个重要的选择：是选择D型还是L型呢？这有点像掷硬币游戏，掷中正面还是掷中反面往往可以决定赌棍的命运。也许，后来发展出生命的那个原始的核蛋白凑巧由L型氨基酸构成，它通过自我复制和生存竞争，繁衍出了清一色的后代。L型氨基酸具有左旋的光学性质。有人开玩笑说，上帝在创造生物时单单选中了L型，看来上帝是个左撇子。

不过这件事给我们一个启发：世界上许多事物并不是从一开始就注定要发展成现在这个样子的，在事物发展的初期，它们往往有多种发展的可能性，由于条件或者纯粹机遇的关系，最终才沿着某一个特定的方向发展下去。既然事物的发展都是从最初的可能性开始的，就不能不使人们对它产生浓厚的兴趣，如果对它作更深一步的研究，可以发现它与控制论中"控制"这个概念有着密切的关系。

顾名思义，控制论是关于控制的理论。"用计算机控制宇宙飞船""基因控制着遗传""这个病人的癌症已经不可控制了"……现在，"控制"这个词已成为人们习以为常的口语。如果我们仔细地分析各种不同的控制过程，会发现虽然"控制宇宙飞船""控制遗传""控制癌症"的控制对象不同，但作为控制过程有以下共同点：

（1）被控制的对象必须存在多种发展的可能性。如果事物的未来只有一种可能性，就无所谓控制了。比如光在真空中的传播速度是确定的，每秒299 792.458公里，既不会高于这个速度，也不会低于这个速度，只有一种可能性。因此，人们不会说"控制了光在真空中的传播速度"之类的话。某一事物在发展变化中的未来有哪些可能性，是由事物本身决定的。对于鸡蛋，它在下一时刻面临的发展可能有鸡蛋、小鸡、破蛋等几种，而石头面临的可能性就完全不同。

（2）被控制的对象不仅必须存在多种发展的可能性，而且，人可以在这些可能性中通过一定的手段进行选择，才谈得上控制。比如一座火山，它在下一时刻面临着爆发或不爆发两种可能性，但目前人类的能力还不能在这两种可能性中选择。所以，我们也不会说"控制了火山爆发"这样的话。所谓我们不能控制，就是无法选择或不存在选择的空间。

由此可见，控制的概念与事物发展的可能性密切相关。我们将事物发展变化中面临的各种可能性集合称为这个事物的可能性空间，它是控制论中最基本的概念。

任何事物，都有它一定的可能性空间，但这仅仅是可能性而已，至于事物具体发展成为可能性空间中哪一个状态，要看条件而定。当事物发展到某一状态后，它又面临新的可能性空间。鸡蛋一旦变成小鸡，它在下一时刻面临的就是活鸡、死鸡等可能性（图1.1）。因此，一个事物发展过程中的可能性空间就像树枝一样，向无限远处伸展开去。

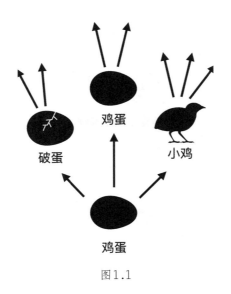

破蛋

鸡蛋

小鸡

鸡蛋

图1.1

　　这方面最令人感兴趣的例子便是生物进化。如果我们不否认生命在地球上只起源过一次，我们就得承认所有的物种，包括蚊子、牡丹、企鹅、人类和酵母都有着一个共同的祖先。生命的多样性来自连续不断的进化过程，在这个过程中，一个物种会产生几个后代物种。这实际上就是生物发展和适应环境的几种可能性。

　　生物学家常常用生命之树（图1.2）来表达生物的进化过程，这种生命之树正是物种在其发展过程中按可能性空间展开的形象体现。

　　人们估计现在生存着500万到1000万种生物，其中每个物种都跟它最近的亲族有显著的差异，每一个物种类下的千万个成员又有不同的遗传特征，这还不包括地球上曾经生存过

但已灭绝的更多的物种。生物界数量庞杂、变异多端的可能
性空间，凭人的想象几乎难以捉摸。研究生物在一定条件下
按可能性空间展开的方式，成为群体生态学的中心问题，它
涉及现有动物、植物、真菌的种类和数量从何而来，什么力
量作用于这些群体，使它们保持现状或发生变化，以及对某
些物种发展的可能性可以做出哪些预测等。

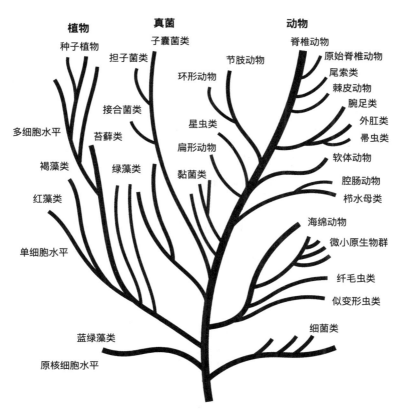

图1.2 生命之树

1.2 人通过选择改造世界

事物的可能性空间为什么总像图1.2那样是树枝状的，而不会像图1.3那样呈一条直线呢？这是因为事物面临的可能性空间往往不止一个状态。为什么事物的可能性空间不止一个状态呢？这是因为事物变化具有"不确定性"。

不确定性也就是事物的矛盾性。"矛盾"一词来自一个古老的寓言。一个商人夸口说，他的盾十分坚牢，什么东西也戳不穿它。过了一会儿，他又吹嘘他的矛说，他的矛是最锋利的，随便什么东西，一戳就穿。有人听了，便接着问他："如果用你的矛来戳你的盾，结果怎样呢？"这个富有哲理的故事实际上包含了事物不确定性的道理。商人先夸他的盾好，什么东西也戳不穿，就是说A只面临B$_1$（盾不穿）这样一种可能性（图1.4a）。接着他说自己的矛什么都能戳穿，也就是A只面临着B$_2$（盾穿）这样一种可能性（图1.4b）。"以子之矛，陷子之盾"的时候，却出现了两种新的情况，A可能发展为B$_1$，也可能发展为B$_2$，具体变为哪一种是有条件的，不能在事先完全确定，这就是事物的不确定性（图1.4c）。那个

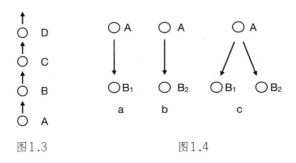

图1.3   图1.4

商人面对对立的矛盾，却不承认事物的不确定性，把话说得这么死，结果闹了一场笑话。

事物的矛盾性，使事物的可能性空间至少面临肯定自身和否定自身两种状态。事物的状态在发展的过程中不断分化，这样终究要形成"歧路之中又有歧焉"的结果。

从不确定性的角度来看待事物的发生和发展，是现代科学和经典决定论的一个重要区别。今天的物理学已不再仅仅处理那些必然发生的事情，而是处理那些最可能发生的事情。今天的生物学也不再把某个物种的出现看作进化过程中必然的现象，而只把它们理解为可能发生的种族中的一员。这样一种思想从20世纪初统计物理学创立以来就已经扎根于科学家的头脑。粗看之下它也许并不难以理解，但它确实是20世纪科学思想的一次革命。在经典的牛顿物理学里，宇宙被描述成一个结构严密的确定性机器，一切都按照某种定律精确地发生，未来的一切都由过去的一切严格决定。科学家意识到"矛可能戳穿盾，也可能戳不穿盾"这个简单的真理，走过了漫长道路。

事物发展的可能性空间，或事物的不确定性，由事物内部的矛盾决定。人们根据自己的目的，改变条件，使事物沿着可能性空间内某种确定的方向发展，就形成控制。控制，归根结底是一个在事物可能性空间中进行有方向的选择的过程。我们不难发现，人类从衣、食、住、行到变革自然的实践活动，都和选择密切相关。走路是不断选择自己在空间的位置，制造工具是选择各种材料及材料的某种组合。现代生产是更复杂、更严格的选择过程。也许有人会问：人制造出自然界原来没有的东西，如人造纤维，这是不是选择过程呢？人类在制造人造纤维时进行的工作也仅仅是选择——选择了自然界本来有的物质（基本原料），选择了适当的温度、压力、催化剂。正是人类选择的条件的结合才制成了自然界不存在的物质——人造纤维。如果没有人的选择作用，这么多条件的适当配合在自然界出现的可能性是极小的。这种纤维的合成，只是原来物质变化的可能性空间的一种。

因此，一切控制过程，实际都由3个基本环节构成：（1）了解事物面临的可能性空间是什么，如一个人得了病，他可能好转、恶化、死亡。（2）在可能性空间中选择某些状态为目标，如治病的目标是使病情好转。（3）控制条件，使事物向既定的目标转化。

对于一个复杂的过程，不仅事物的可能性空间有许多状态，而且这些状态有复杂的展开方式，影响事物发展的条件也错综复杂。与之相应的选择过程也是复杂的，需要在事物发展的不同阶段，控制不同的条件，同时注意各种条件之间的配合和不同状态的相关作用。

1.3 控制能力

最后一个天花病例发生以后，经过两年观察，科学家在1979年证实天花病毒已经绝迹。1980年5月，第33届世界卫生大会正式宣告"全世界和全世界人民永久摆脱了天花"。这种在几个世纪前曾经夺去无数人生命的可怕疾病，可以说已经完全地被人类控制住了。只要世界上几个保留天花病毒的研究机构不让天花病毒泄露出来，人类将永远保持在"没有天花病人"这样唯一的状态里。可以说，这是一个非常理想的控制过程。有人也许会想，如果一切控制过程都像人类控制天花那样完全就好了。可是实际上这是办不到的。对于绝大多数控制过程，人们并不是把事物的可能性空间精确地缩小到某个唯一的状态，而是把可能性空间缩小到一定的范围内就达到控制的目的了。如果任何控制过程都想以某个唯一状态为目标，不但没有必要，而且还会使控制失灵。

中国古代有一个寓言，深刻地说明了控制过程的这个重要特征。有一个人看见猎人用网捕鸟，觉得很有趣。他研究了半天，发现最后把鸟卡住的不是整张网，而是一个小网眼，这使他非常惊奇。他想，既然最后把鸟卡住的只是一个小网眼，那为什么还需要一张大网呢？他决定发明一种新的工具去捕鸟。他用绳子做了一个小圆圈，用它来代替网。结果当然一只鸟也没抓住。为什么呢？道理非常简单，把鸟网住，这是一个控制过程，我们最后是把鸟控制在可能性空间S（网）之中，S是一个比较大的范围，包括A、B、C等许多网眼（图1.5），鸟儿随便在S内的任何一个状态，对猎人来说都算完成了控制。而那个聪明人想一下子把鸟控制在一个网眼这样唯一的状态里，结果反而失败了。

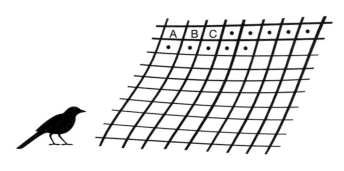

图1.5

任何恒温箱都只能把温度控制在一个目标值附近的小区间内。在这个区间内，温度在每一时刻都有一个特定的值，但是我们事先无法确定这个值究竟是多少，只要温度值保持在确定的区间之内，就算实行了控制。同样的道理，任何机械加工都必须制定一定的误差范围。

不过，我们可以肯定，每实行一次控制后，事物发展的可能性空间缩小了。可能性空间缩得越小，标志着我们的控制能力越强。射手用步枪打靶，实际上是用步枪对子弹飞出去的位置实行某种控制。射击前，子弹的可能性空间很大。一个命中8环的射手比命中5环的更优秀，因为他能将子弹控制到一个比较小的范围内。命中10环的射手的控制能力最强，因为他将子弹的可能性空间缩小到几乎是1个点的范围内。在射击这种控制中，我们用环数来表示射手水平的高低。实际上，环数也是控制能力的一种表示方法。

我们知道，有精确到0.1克、0.01克、0.001克、0.0001克的各种天平。所谓天平精确到0.1克，就是说小于0.1克的各位数字，这架天平是不能确定的。精确到0.0001克的天平，就能把可能性空间缩小到小数点后面4位。它的控制能力要比前者大得多。这里，天平的精确度，就是天平控制能力的一种表示方法。又比如吃饭过程，一个刚刚会拿勺子的小孩往往把勺子送到下巴、面颊上，弄得满脸、满桌都是饭。勺子运动的可能性空间大，我们就说这个小孩对勺子的控制能力差。

更一般地，我们把实行控制前后的可能性空间之比称为控制能力。如果某一事物的可能性空间为M，实行控制后，可能性空间缩小为m，那么控制能力就是M/m。如果可能性空间状态为无限多，并且互相连续，我们可以用面积的比例来表示它（图1.6）。

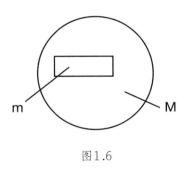

图1.6

控制能力这个概念很重要。我们所使用的一切工具实际上都具有一定的控制能力，在使用工具之前，我们往往需要根据它的控制能力来判断是否能达到预定的控制目的。如果预定目的超过了每次使用工具的控制能力，无论我们怎样改变操作方法，都不会达到控制目的。猎人用网来捕鸟，那个聪明人用一个小圆圈来捕鸟，相比之下，猎人只要把鸟控制到一个范围较大的空间就行了。也就是说，猎人要达到控制目的，需要的控制能力比前面提到的那个聪明人小，因此猎人比那个聪明人更有成功的可能。

有一个智力游戏，问怎样用一架天平称出12个乒乓球中唯一的但轻重未知的废品，只许称3次。

怎么称呢？2次行不行？4次有没有必要？一旦我们用控制能力来分析，这个问题就变得很简单。首先我们要确定废品存在的可能性空间有多大。一共有12个球。未称之前，每个球都可能是废品，每一个球都可能是轻或重两个状态中的一个。因此，总的可能性空间大小是12×2＝24个状态。其次，既然我们最终要决定哪个球是废品，那也就是经过控制后的废品状态必须是唯一的，因此整个控制过程要求的控制能力是24/1＝24。再来看看我们的选择工具——天平——每一次的控制能力有多大。天平每称1次的可能状态有3个：左边重，右边重，水平。这3个状态的含义不同，每称1次，天平的可能性空间都缩小到原来的三分之一，因此天平每称一次的控制能力为3。称3次的总控制能力为3×3×3＝27。27>24，这样，我们就用控制能力这个计算方法证明称3次是可以解决问题的。但如果要获得具体的称法，还需进一步的分析。

假设第一次称x个球，留下y个球，如果天平是平的，那废品一定在y个球中，还有两次要称出就必须有：

$$2y/9 \leqslant 1 \qquad (1)$$

如果天平不平，那么废品一定在x个球中，但已知其中$x/2$个不会是轻的，$x/2$个不会是重的，所以可能性空间为x。还有两次要称出就必须有：

$$x/9 \leqslant 1 \qquad\qquad （2）$$
$$x+y=12 \qquad\qquad （3）$$

解方程组（1）（2）（3），得$x=8$，$y=4$。用同样的方法可获得第二次、第三次的具体称法，从而完全解决12个乒乓球的问题。

现在我们可以把问题稍微引申一下：如果乒乓球不是12个，而是13个或14个，这个问题还可解吗？

13个球的可能性空间是26，因为26/27＜1，所以看来也是可解的。但在进一步分析时，我们就发现像前面那样的方程组在这儿是无解的。这是否意味着13个球是称不出的呢？回头来仔细想想，题目要求我们的仅仅是找出废品，而不一定要完全弄清废品的轻重，因此我们可以利用这种情况。方程组便变为：

$$\begin{cases} x/9 \leqslant 1 \\ y/9 \leqslant 1 \\ x+y=13 \end{cases}$$

得$x=8$，$y=5$。继续使用这个方法，就可以确定13个乒

乒球的问题是能解的。若是14个球，可能性空间是$14 \times 2 =$
28，而28/27＞1，因此不能称出。^①

当然，人们常常只将天平称球问题看作一种数学游戏，
很少从控制能力的角度来分析问题。实际上，我们用一定精
度的仪器来观察客体，或者用某种工具来控制客体，在什么
条件下，我们选择什么样的仪器、工具的组合才最有利于达
到我们的目的，这个问题本质上跟上面那个数学游戏是一致
的。有兴趣的读者一定会找到许多其他可以用估测控制能力
的方法来解决问题的例子。

讨论了有关控制的一些基本概念之后，我们再来研究
一下控制的方法问题。人们在工作中采用各种方法来达到自
己的目的，其中有一些方法是人们经常采用的，它们虽则简
单，却又是基本的控制艺术，如随机控制、有记忆的控制、共
轭控制、负反馈控制等。它们是一切复杂控制方法的基础。

1.4　随机控制

世界上最省事的方法莫过于碰运气了。我们如果遇到一
件棘手的事情，又想不出其他办法来解决，山重水复疑无路
的时候，常常硬着头皮说："那么，就碰碰运气吧。"把碰
运气也称为一种方法，很多人或许会觉得勉强。不过科学家
可不这么看，也许是由于科学家经常跟棘手的难题打交道的
缘故，他们对碰运气这种方法挺感兴趣，不但认真地对它进

----

① 有关这个问题的讨论请见本书附录。

行了研究，还给它取了个雅号，叫"随机控制"。

我们已经讨论过，控制就是可能性空间的缩小。随机控制也是可能性空间缩小的过程，但在随机控制过程中，系统的可能性空间只有在达到目标值时才缩小，不达到目标值时，可能性空间不缩小。

例如，操场上许多孩子在自由地活动，杂乱无章地跑来跑去，如果我们要找其中一个孩子，就只好一个一个地碰，直到碰上那个孩子为止。显然，这中间的每一次选择，如果出现的结果不是所需要的目标，那么控制仅仅表现在否决结果，把选择继续下去。一旦选择的结果是目标，就停止选择，结束控制。随机控制方法也称为寻找或探索，可用图1.7表示。假设可能性空间是a、b、c、d四个状态，目标是c。第一次选择的结果是a，因a≠c，所以否定a、第二次选择的可能性空间是a、b、c、d。如果选中了c，就肯定结果，如果选中了a、b、d，就否定结果，继续选下去。

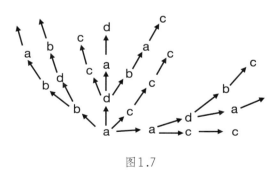

图1.7

随机控制的应用非常广泛，效果又很直观。人们遇到棘手的科学问题时，即使对解决问题所必需的条件完全不了解，对于对象的性质一无所知，仍然可以采用随机控制的方法来找到问题的答案。比如我们要进一个上了锁的房间，手里有一大串钥匙，但不知道其中哪一把钥匙能把锁打开。人们所采用的最通常的方法就是"一个一个地试试看"，不行就换一把钥匙，直到把锁打开。

因此在科学发展的某些阶段，尤其当人们刚刚开始对某一个领域的研究，还不能用其他方法来控制对象时，随机控制往往就成为人们唯一可以采用的方法。

远古的时候，人们没有任何科学知识，没有仪器，对疾病的本质和药物的性质都一无所知，我们的祖先是如何对付疾病的呢？据《淮南子·修务训》记载："神农……尝百草之滋味，水泉之甘苦，令民知所避就。当此之时，一日而遇七十毒。"这个记录生动地反映了蒙昧初开之际，我们远古的祖先采用随机控制法与疾病作斗争的史实。这个记录告诉我们，祖先们是从"尝"开始了解药物对人体的作用。也就是说，人得了病，就试着服用各种树皮草根、水泉矿石。吃吃这种，没有用，吃吃那种，也没有用，吃吃另外一种，好了。这样就形成了控制，并开始了解药物治疗作用。中国医药学就是在随机控制积累了大量数据的基础上发展起来的。

随机控制在现代科学中也有很多用途。生命起源的问题始终是个谜。我们知道，生命的基础是蛋白质，而蛋白质又由氨基酸组成，在生命起源之前，氨基酸是怎样出现的呢？是不是由于一种神秘的外力呢？要回答这个问题，必须提出有力的证据，证明在一定的条件下，氨基酸能从简单的无机物中合成出来。20世纪50年代，美国化学家、生物学家斯坦利·米勒（Stanley Miller）运用随机控制巧妙地解决了这个问题。他用甲烷、氨、氢和水蒸气组成一种混合气体，放进容器中，然后连续通以电火花，模拟了一个生物起源前的地球环境。这样，各种无机物在容器中就开始了随机组合。经过8天时间，终于在这个无机的体系中得到5种构成蛋白质的重要氨基酸：甘氨酸、谷氨酸、丙氨酸、天冬氨酸和丝氨酸。此后，运用同一控制原理，人们在电火花、紫外线、X射线或其他高能粒子束的参与下，得到了更多的氨基酸以及组成核苷酸的嘌呤、嘧啶等物质。这些实验证明了原始地球形成氨基酸的可能性。

如果随机控制的对象可能性空间很大，就有一个选择速度的问题。我们手里的那串钥匙，如果只有3把，都试一遍也不费什么事。如果有10把，就比较讨厌了。如果这串钥匙有1万把，我们就可能没有耐心把所有钥匙都试一遍，除非每试一把的速度相当快，否则多数人情愿把锁撬开了进门。不过这件事如果交给电脑去干，就会干得非常漂亮。电脑不但有耐心去做那些最单调、最没有乐趣的随机选择工作，而且选择的速度还相当快。电脑可以在极短促的时间内从几万个方案里选中一个最合适的方案，可以从几十万本图书里立即找到你所要索取的那本图书。为了破案，公安人员常常要核对指纹，这是件细心的活儿，很费时间，有些国家的警方用电脑存储了成百上千万种指纹，需要核对时，就交给电脑处理，用不了多少时间就可以从几百万个人里找出有作案嫌疑的人。因此，尽管问题面临的可能性空间很大，只要选择速度快，随机控制还是相当有效的。由于随机控制在很大程度上要依赖选择速度，提高逻辑运算的速度就成为电脑的一个重要指标。

除了速度问题，随机控制还要注意什么呢？显然，要使随机控制发挥作用，目标必须在可探索的范围之内。也就是说，对事物面临的可能性空间必须有充分的估计。如果开锁的钥匙不在我们手上这一串之内，我们再试也是白搭。这看来是再明确不过了，但在处理实际问题时往往被人忽略。

有一个故事，说父子俩拿着几根竹竿去钓鱼，可是出城门的时候就遇到了麻烦。父亲把竹竿竖起来，竹竿比城门高，出不去。把竹竿横过来，竹竿比城门宽，也出不去。怎么办呢？最后还是儿子想出了一个办法，他爬到城楼上，把竹竿一根一根从城墙上面递过去，这才出了城门。父亲高兴得不得了，连连夸赞儿子聪明。这个故事就是暗讽人们在随机控制时最容易犯的那种错误。竖起来不行，横着也不行，恰恰就忽略了把竹竿直过来，顺着城门送出去的可能性。如果父子俩在城门下好好儿考虑一下扩大随机控制的探索范围问题，就用不着爬上城楼了。

19世纪末，瑞典发明家拉瓦尔（Karl Gustaf Patrik de Laval）在研究改进汽轮机工作时，碰到了看上去几乎无法克服的困难。轮机的转速每分钟达3万转，这样高的速度必须非常精确地保持转轮的平衡，对轴的要求很严格。为了达到这个目的，应采取什么办法呢？他认为，轴越硬、越粗，就越不易变形，就越好。至于要使用什么样的材料，需要通过随机控制来加以选择。这时，选择的可能性空间是"各种金属杆，各种硬度大的金属杆"，选择的目标是"使轮子保持平衡的轴"。拉瓦尔试验了很多次，但是他发现，无论用多么硬的轴，随着转速增加，机器逐渐发生振动，轴总会变形。最后，他知道再增加轴的硬度是不行了。他决定采用相反的方法，将一个笨重的木盘子装在一根藤条上转动。他惊讶地发现，有弹性的软轴在高速转动中能自然地保持平衡，这对他的设计思想是一个很大的震动。有什么理由认为越硬的轴越好呢？这是由常识造成的一种偏见，正是这种偏见，使最初的探索范围遗漏了一部分重要的可能性空间。

因此，在随机控制中，不断地扩大和改变探索范围是很重要的。许多大理论家、大发明家之所以高人一等，往往在于甩开了世俗的偏见，在一般人意想不到的领域闯出了奇迹。

1.5　有记忆的控制

随机控制的缺点是，如果不碰巧，要花费很长时间才能碰上目标。这样我们就面临着改进随机控制的问题。一个常用的办法是加一个记忆装置，使随机控制拥有"记忆"。

所谓一个选择者具有记忆力，就是指，凡被证明不是目标的状态就不再被当作选择对象了，这些状态将从下一个可能性空间中被排除。与无记忆的控制比较，有记忆控制的可能性空间在到达目标值之前，会随着选择次数逐一缩小。很明显，这就提高了控制的效率，可以较迅速地找到目标。例如一个人要找一封信，他一个抽屉、一个抽屉地翻，直到找到这封信他才会停止自己的行动。一个粗心的人会把同一个抽屉来回翻几次，这相当于前面说的随机控制。但如果是一个细心的人，凡是翻过的抽屉他都记得，不再翻了，这样，他的寻找范围就可以逐步缩小，比较快地达到目标。这个过程可以用图1.8表示出来。还是假定可能性空间为a、b、c、d四个状态，目标为c。第一次选择结果是a，a≠c，所以否定a。第二次可能性空间为b、c、d，如果选择b，那么第三次可能性空间是c、d。因为a、b已证明不是目标，把它们从以后的可能性空间中排除了，这样最多只要4次选择，就可以找到目标了。而图1.7那种无记忆的控制，最长的选择链是很长的。

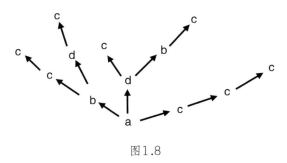

图1.8

对于有记忆的选择，如果碰到了目标，没有认清楚，就轻易地把它否定掉，并将这种否定记忆在脑子里，就使目标不在选择范围内了。这样会落入陷阱，这是记忆控制中常犯的错误。无论是随机控制还是有记忆的控制，都必须注意事物发展的可能性空间本身是否存在着陷阱。在探索过程中，必须记住这些陷阱，避开这些陷阱。比如使病人致死的药是无论如何不能用的，因为一旦进入"死"这个状态，可能性空间就永远停留在这个状态，再也不能被我们控制了。更明确一点讲，在随机控制中，那些可能削弱我们控制能力的状态是不应该最先尝试的。有时候，这些陷阱是由控制手段造成的。例如我们要从一种溶液中把两种金属分别提纯出来，溶液中一种金属离子含量很大，另一种含量很小。一般的方法是添加一种物质，使金属离子产生特定的沉淀。但是先沉淀溶液中含量大的成分好，还是先沉淀含量小的好呢？初看起来，这无关紧要，实际却有讲究。如果先沉淀含量大的那种金属离子，生成的沉淀量很大，就可能把含量小的金属离子吸附在自己身上带下来。这样，第二次沉淀时，我们已经失去了一部分溶液中要选择的对象。也就是说，有时选择方法和选择得到的结果之间会发生相互作用，以致影响以后的选择余地。因此，我们要适当地考虑控制的顺序。

1.6 共轭控制

人和猿的一个基本区别是人能够制造并使用工具。通过工具，人们可以完成许多直接用双手不能完成的工作，人的控制范围扩大了。一件工具发明出来，开始的时候它的使用范围也是有限的，人们为了完成更复杂的工作，又得研究使用工具的方法以及使用工具的工具。人类在自己历史的每一个阶段，总要面临着一大堆在当时拥有的控制手段无法直接完成而又需要完成的工作，也就是扩大自己的控制范围的问题。当人们要扩大控制范围的时候，通常要用到一种叫共轭控制的方法。这种方法并不涉及某一具体的工具的发明，但包含了一切工具的控制原理。它专门研究如何将一件人们无法完成的工作变成能够完成的工作。说起来有人也许觉得有点奇怪，其实这种方法我们几乎每天都在接触，有时候连小孩子也懂得运用。让我们先讲一个关于小孩子的故事。

三国时候，有人送了一只大象给曹操。曹操想知道大象有多重。可是当时还没有那么大的秤可以称象。他召集了群臣来问，满朝文武竟没有一个能想得出办法来。这时有一个叫曹冲的小孩，倒想出了一个主意。他建议把象引到一只大船上，在船上刻下吃水深浅的记号，再把大象换成石块，也使船沉到同一个吃水线上，只要称一下石块的重量就得到大象的体重。曹操和大臣们听了大吃一惊，想不到一个五六岁的小孩会想到这么高明的方法。曹冲的这个方法实际上就用了共轭控制。

我们来分析一下。直接称出大象的体重是人们办不到的事，但一块块石头的重量是可以称出来的。曹冲用大船的沉浮先把大象的体重变换成石头的重量，我们把这一变换过程用L表示，再称出石头的重量，这一步用A表示。最后又将石头的重量变换成大象的体重。这一步跟L变换恰好相反，我们用L^{-1}表示。三步连起来可以写成$L^{-1}AL$，它表示先实行L，再实行A，最后实行L^{-1}。这样就把大象的体重称出来了。

数学上一般把$L^{-1}AL$称作A过程的共轭过程。我们将$L^{-1}AL$称为与A共轭的控制方法，它通过L变换和L^{-1}变换，把我们原来不能控制的事变为我们可以控制的A过程去完成。A的控制范围在施行了L和L^{-1}变换后扩大了。

这个$L^{-1}AL$过程虽然简单，但它的运用却极其广泛。比如为了使两种固体粉末能够完全进行化学反应，在实验室中，常常要把它们混合均匀。但无论我们怎样把两种固体放在一起搅拌或研磨，都做不到混匀至分子水平。怎么办呢？我们知道，如果是两种溶液，不难把它们充分混匀到分子水平。只要将它们倒在一起，加以搅拌，利用分子的运动和扩散就混匀了。我们假设：

A——控制液体混匀的方法，

L——将固体溶于某种液体，

L^{-1}——L的反变换，将溶液蒸干。

这样一个$L^{-1}AL$过程就使混合液体的方法扩大了控制范围，可用于混匀固体。

可以说，几乎人类制造和使用的一切工具，本质上都包含有这样一个控制范围扩大的过程。最简单的杠杆中，L和L^{-1}是通过一根有支点的棍子来实现的。现代化的自动控制设备，L和L^{-1}分别有自己的专有名称。L通常称为感受器，L^{-1}通常称为效应器。感受器和效应器是怎样工作的呢？例如控制对象为某一生产过程，人坐在操作台上按电钮控制生产。人按电钮就是在进行选择，这个选择过程用A表示（图1.9）。为了使这个选择能控制生产，必须有两套装置。一种装置把反映生产过程进行状况的各个因素——如温度、压力、流速等——变成电脉冲形式，并用仪表显示出来，这就是L。人通过按电钮控制了这些电脉冲，在各种可能之中进行选择。第二套装置是L变换的反变换，把电脉冲变成生产过程中各种控制因素，这就是L^{-1}。通过这样的$L^{-1}AL$过程，我们控制了生产活动。

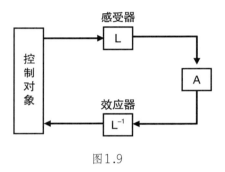

图1.9

任何感受器和效应器的关系在本质上都能从$L^{-1}AL$的关系中得到说明。人类使用共轭控制的方法还可以追溯到数字和语言的起源。处于原始社会的人类，想到可以用小石头来计算动物的数量。从动物变换为小石头，又从小石头变换为数的概念，人类学会了用抽象思维来代替形象思维。如今人们已经完全习惯于同抽象的数字打交道，不论是天上的星星，世界上的人口或者原子的数目，以至于我们已经难于理解把一切变换成数字来运算是怎样一个巨大的进步。同样，人类只有在把思想变换成语言和符号来交流和思维以后，才真正使大脑发达起来，成为一个有文明的物种。

在我们人体内部，也存在着这样一个由共轭变换构成的控制系统。我们的感官——比如眼睛——就是一个感受器，我们的四肢——比如手——就是一个效应器。我们的眼睛不断把外界对象的状态变换成生物电脉冲送到大脑中去，大脑经过信息加工后，再由手执行相反的变换，把生物电脉冲信号变成对外界对象状态的控制。

共轭控制揭示了人类使用工具过程的本质。也许有人会问，把使用工具这么一件直观的事情表述成那样复杂的一种结构，有什么意义呢？其意义在于运用控制论方法后，就可以用数学语言来确切地描述这一过程了，并且可以把很多数学上关于共轭控制的成果运用到制造和使用工具的研究中去，得出许多凭直观想象不到的结论来。

1.7　负反馈调节

如果我们选择了某一目标，但我们所具备的控制方法达不到所需要的控制能力又怎么办呢？例如我们向月球发射一枚火箭，火箭要击中距离地球大约38万公里远的月球，这就好像在10公里外用步枪瞄准一只苍蝇的眼睛一样困难。有人会以为火箭里一定装有一个非常精确的瞄准器，发射之前一定按照计算好的提前量对准月球发射，就像步枪打飞鸟那样。其实这完全办不到。火箭在运动中要飞越38万公里的路程，有许多干扰根本无法事先估计到。发射前把轨道算得再精确，把发射方向控制得再准都不行。也就是说，仅仅依靠发射时控制方向完全达不到这么大的控制能力。那么我们是不是就束手无策了呢？当然不是。我们有一些非常巧妙的方法来增强自己的控制能力。不过，要解决这个问题还要先从

"负反馈"这个概念谈起。

第二次世界大战前后，随着科学技术的发展，飞机的速度越来越快、性能越来越好，用老式高射炮来击落飞机也就越来越困难了。人们发现，无论怎样提高发射炮的准确性，效果总是有限的。飞机的飞行轨道因驾驶员动作的随机性几乎不能预先求出，经典的思想方法暴露出一些根本的缺陷。其实，对于这一类在工程师眼中极为困难的问题，我们可以从自然界不少动物身上找到答案。鹰击长空，不但能准确地捕捉到固定目标，甚至连飞速躲避的兔子、老鼠也不能逃脱。显然，鹰没有也不可能事先计算自己和目标的运动方程。鹰不是按照事先计算好的路线飞行。鹰发现兔子后，马上用眼睛估计一下它和兔子的大致距离和相对位置，然后选择一个大致的方向，向兔子飞去。在这个过程中它的眼睛一直盯着兔子，不断向大脑报告自己与兔子之间位置的差距。不管兔子怎么跑，大脑做出的决定都是缩小自己与兔子位置的差距。这种决定通过翅膀来执行，随时改变鹰的飞行方向和速度，调整鹰的位置，使差距越来越小，直到这个差距为0时，鹰的爪子就能触碰到兔子了。

我们来仔细分析一下这个过程。实际上这个控制系统主要由眼睛、大脑和翅膀三部分组成（图1.10），眼睛在盯住兔子的同时，也注意到了自己的位置，并把这两者作一个比较，图1.10中的⊙是一个比较符号。经过比较以后的信号代表鹰的位置跟兔子位置的差距，通常称为目标差，眼睛主要是接收这种目标差信息，并把它传递到大脑。大脑指挥着翅膀改变鹰的位置，使鹰向目标差缩小的方向运动，这个控制重复进行，就构成了鹰抓兔子的连续动作。这里最关键的一点是大脑的决定始终使鹰的位置向缩小目标差的方向改变，控制论把这类控制过程称为负反馈调节。负反馈调节的本质在于设计了一个目标差不断减少的过程，通过系统不断把自己控制的结果与目标做比较，使得目标差在一次又一次的控制中慢慢减少，最后达到控制的目的。因此，作为一般的负反馈调节机制必定要有两个环节：

（1）系统一旦出现目标差，便自动出现某种缩小目标差的反应。

（2）缩小目标差的调节要一次次地发挥作用，使得对目标的逼近能积累起来。

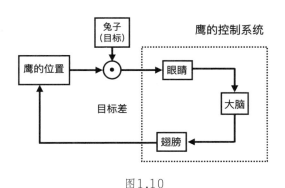

图1.10

这两个条件如果不完全满足，就不能算是完善的负反馈调节。比如一般输电线路中的保险装置，如果电流值增大到某个限度，偏离控制目标，保险丝熔断，使供电中断。高压锅的压力过分偏离所允许的限度，锅盖上的合金塞熔开放气，这些都是出现目标差时系统缩小目标差的调节机制。但它们都不是完全的负反馈调节，因为它不满足第二个条件，目标差的缩小不能通过一次次的调节积累起来。这一类"半反馈调节"在控制中被广泛应用，但它们都不如负反馈调节来得完备和精确。

1.8   负反馈如何扩大了控制能力

现在我们回到那个控制能力扩大的问题上来，看看导弹和火箭专家怎样从老鹰抓兔子那里得到启示。

我们先把鹰的动作看成一系列俯冲的连续，每一次向目标的俯冲可以看作对自己位置的控制。鹰的控制能力是有限的，它不能一次到达目标，只能逐步向目标接近。我们把鹰的位置的可能性空间表示为平面上的点（图1.11）。目标（兔子的位置）用m表示。鹰的第一次俯冲使位置的可能性空间由A缩小到B。这时鹰的控制能力为（A/B）。如果鹰只做这一次飞行，那么它和炮弹没什么两样，控制能力不大，只能处在B范围内某一点，不能抓到兔子。如果在第一次俯冲后，马上进行第二次俯冲，将可能性空间再次缩小，由B到C，第二次俯冲的控制能力就是B/C。这样两次俯冲的控制能力就是（A/B）·（B/C）＝（A/C），即通过反馈，鹰扩大了自己的控制能力。如此第三次、第四次……不断地反馈选择下去，鹰的总控制能力为（A/B）·（B/C）·（C/D）……（x/m）＝（A/m）

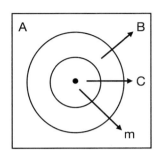

图1.11

　　由于目标差随着每一次控制都在缩小，即（A/B），（B/C）……（x/m）都大于1，这样（A/m）就比（A/B），（B/C）……（x/m）中任一个都大得多。也就是说，通过负反馈，系统的控制能力被累积起来。这样通过有限次的俯冲，可能性空间就由A缩小到m，老鹰终于抓着兔子了。当然，实际上老鹰的每次俯冲动作是连续的，在飞速运动中看来就像一下子往兔子身上扑过去似的。

　　老鹰所使用的这套抓兔子的办法现在被人们用来控制导弹打飞机。工程师们给导弹安上了"眼睛"——红外线寻的装置，配上"大脑"——电子计算机，同时给它一对可以调节的"翅膀"——姿态控制装置。这样导弹就可以向着不断缩小目标差的方向运动，直到把飞机击落。当然，把火箭发射到月球上去，也采用了这样的办法。

　　显然，负反馈控制之所以应用如此广泛、有效，就是因为它可以把某种有限的控制能力累积起来，扩大了控制能力。每一次反馈，实际都是将上一次作为输出的可能性空间作为输入，让控制机构在这个已被缩小了的范围内进行新的选择。

用通常的话来说，负反馈调节就是"做起来看"。实际上我们要做一件没有做过的复杂事情，总不能事先把一切都安排周到。客观事物总在不断变化，意外的情况随时可能发生，即使我们事先考虑得再周密，也会遇到一些不可测的麻烦。因此，最好的办法是干起来再说。一边干一边观察，随时修正自己的行动和方法，采取一步一步的办法逼近目标。

居里夫妇发现镭的过程就是这方面很好的一个例子。居里夫妇发现在沥青铀矿中含有一种新元素，具有极强的放射性，除此之外，对这种未知元素的性质一无所知。怎么把它从沥青铀矿中提炼出来呢？当时，居里夫妇想到，既然这种元素的放射性比铀大得多，那么只要找到一种方法处理沥青铀矿，使得处理后的放射性比以前更强烈，新元素就一定是在富集。①这实际上就是一个负反馈过程，控制着整个提纯过程向放射性增强的方向进行（图1.12）。他们就这样地连续运用反馈控制，经过几年的努力，他们把一次次实验的控制能力累积起来，达到了一个看起来以实验是不可能达成的控制结果，最终从以吨计的沥青铀矿中提炼出了1克新元素——镭。

---

① 富集（enrichment）指的是从大量母体物质中搜集欲测定的痕量元素至一较小体积，从而提高其含量至测定下限以上的这一操作步骤。

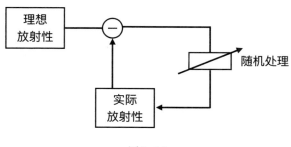

图1.12

在教学工作中，老师怎样控制自己讲课的过程以达到比较理想的状态呢？这里，有经验的教师也是利用负反馈来扩大自己的控制能力。教师讲课，向学生传递各种信息的同时，也必须开辟另一条信息通道，取得学生接受知识情况的信息。在课堂上有经验的教师都十分注意观察学生的眼色，判断他们听懂了没有，分析他们的心理活动，或者采取提问的方式，直截了当地进行试探。课外批改同学的作业以及适当地安排考试也是一些重要的了解学生听课情况的通道。通过这些教学环节，教师就能比较正确地把握自己讲课的深浅和进度了。课讲得太慢就放快些，太深就浅近些，使教学达到比较理想的目标。

从这些例子我们可以看出，负反馈调节实际上与目的性这个概念有关。负反馈是一种趋向目的的行为。目的性是生物行为中一个重要方面，对于有意识的人类，目的性更成为社会能动性意识。控制论指出，当人的一次控制能力不能达到目的时，可以用负反馈调节扩大控制能力。特别对于生物界和有机体，它们的每一次控制能力都很有限，因此，在生

物界和人类行为中，几乎所有达到目的的控制过程都运用了
负反馈原理，揭示出目的性与负反馈调节的内在联系是很有
意义的。

1.9　正反馈与恶性循环

负反馈是目标差缩小的过程，自然界有没有相反的过
程，即目标差不断扩大的过程呢？有的，这就是正反馈。

晋朝时有两个人在一起对诗，对诗规则是说一件危险
的事，说得越危险越好。第一个人说了句："矛头淅米剑头
炊。"要在刀剑的尖头上淘米烧饭，可是一件危险的事。比
这更危险的该说什么呢？第二个人想了半天，说："百岁老
翁攀枯枝。"一个风烛残年的老头儿去爬枯树，这当然比在
刀尖上淘米做饭还要危险。再往下该怎么说呢？第一个人灵
机一动说："盲人骑瞎马，夜半临深池。"这可是绝妙的句
子，至今人们还常常用来形容很危险的事物。可惜这两个人
没有按这个规则继续比赛下去，否则一定会越说越玄乎，说
不定会有些更好的句子出来。这场对诗的规则实际上就是正
反馈。

两个有正反馈耦合关系的系统如图1.13所示。

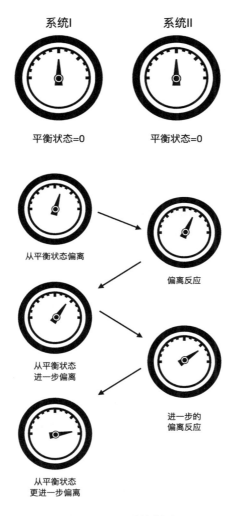

图1.13 正反馈耦合

　　两个系统的状态分别用带指针的表盘来反映，第Ⅰ系统的目标是平衡状态，其值为0。如果第Ⅰ系统由于某种原因稍微偏离了目标，那么第Ⅱ系统所产生的反应是使第Ⅰ系统下一次的状态更加偏离目标。这样，在互相作用中，它们各自偏离目标越来越远，这样的耦合关系就叫正反馈。

正反馈使人联想到超级大国之间的军备竞赛，每一方得知对方发明了一种新武器就立即研制一种更厉害的武器来对付。于是，原子弹、氢弹、远程导弹、逆火式轰炸机、多弹头导弹、中子弹……就这样不断地被制造出来，远远偏离了"缓和"这种平衡目标值。在电子技术中，正反馈原理被用来放大信号，如最简单的再生回路是把三极管的集电极与基极耦合起来，集电极电流增大使基极电位偏负，基极电位偏负会使集电极电流更增大，同时使基极电位更偏负，这样的耦合使最初的信号迅速得到放大。

在许多场合，正反馈现象的名声不太好，人们常常把它叫作"恶性循环"。由于正反馈是一个目标差不断扩大的过程，因此，它往往标志着达到预定目标的控制过程的破坏，即表示一个失去控制的过程。医学上单纯的正反馈几乎无一例外地导致疾病，因为人体的健康与内环境的稳定状态密切相关，而单纯的正反馈会使人体状态离必须控制的稳定状态越来越远。对此中医和西医的理论是一致的。例如中医认为脾脏和心脏是两个互为反馈的耦合系统，如果脾气虚，食欲不振，运化失职，就使血的来源不足，导致心血虚，产生心悸、健忘、面色不华、脉搏无力等症状。而心血虚又无以滋养于脾，进一步加重脾气虚。心血虚和脾气虚之间这样的互相影响，也形成一种正反馈式的恶性循环，导致心脾两虚的症候。治疗时可以采取补脾气或者补心血的办法，也可以采用其他的措施。西医病理学认为，在某种病态下，机能代偿失调，病情向严重方向发展，也会造成这种恶性循环。如心力衰竭时，血液输出量减少，动脉血压下降。而冠状动脉血流量减少，心肌营养不足，更使心肌收缩力减弱，血液输出量进一步减少，病情会迅速恶化。

这种正反馈发展到了极端，系统的状态大大超过稳定的平衡状态，就会导致组织的崩溃和事物的爆炸。例如炸药爆炸，我们可以看作化学反应和热量释放之间形成了正反馈耦合。

负反馈描述目标差缩小的调节，而正反馈描述目标差越来越大的过程，从对控制目标的偏离来说，它们正好相反。我们说正反馈差不多都和恶性循环有关，这仅仅是就控制而言的，这绝不是指正反馈在所有场合都是"坏"的。我们后面将谈到，对于系统结构的演化，正反馈是极为重要。此外，正反馈和负反馈可以互相转化。负反馈搞得不好会变为正反馈，正反馈的失控过程经过适当调整也可以变为负反馈。要揭示它们之间的关系和转化条件，我们必须将研究范围从"控制方法"中拓展开去，进一步探讨控制过程的传递、事物间互相作用的方式和整体结构。这就是我们在后面两章要研究的内容：信息与系统。

第二章 信息、思维和组织

世间有一种比海洋更大的景象，那便是天空；
还有一种比天空更大的景象，那便是内心活动。

——雨果（Victor Hugo）[①]

2.1 什么是知道

没有一个重要的概念像"知道"那样容易被人忽视。我们常常听人说他知道这个或者知道那个，但难得听到有人问起什么是"知道"。不过，这个问题在历史上至少被人们研究过两次。一次是20世纪科学家在研究通信理论的时候，对它的研究促成了通信理论的突破。另一次是早在2000多年以前，由中国古代的两位大哲学家庄子和惠子提出。

有一次庄子和惠子在一起观鱼，庄子看见鱼在水里游得十分自在，就对惠子说："你看鱼多么快乐啊！"惠子立即问道："你不是鱼，怎么知道鱼是否快乐呢？"庄子想了一

---

① ［法］雨果：《悲惨世界（一）》，李丹译，人民文学出版社1958年版，第273页。

下回答道："你又不是我，怎么知道我知不知道呢？"

这个有名的哲学故事叫"鱼乐之辩"。大哲学家庄子和惠子实际上在这里提出了两个非常重要的问题：什么是"知道"？怎样才能"知道"？2000年之后，在研究通信理论的时候，这个问题又引起了人们的兴趣。不过这一回人们不再用思辨的方法，而是用严格的科学方法来对待了。人们发现，这个问题跟"信息"这个重要的概念有关。所谓"知道"，是指人获得信息的过程，而怎样才能"知道"，就是信息怎样传递、怎样获得信息的过程。

"我看见桌子上放着一个杯子""我收到一封电报，妹妹明天来""气象预报说，明天要下雨"，这都是人们获得信息的过程。人们获得这些信息后，对某一个事件就知道得多了一些。如果天气预报说"明天可能下雨，可能不下雨"，那我们会说，预报和不预报一个样，预报没有告诉你什么东西，因为你本来就知道天气变化无非就是这两种可能。所以我们也可以把"知道"或者说获得信息的过程，看作人们对事物可能性空间了解程度发生变化的过程。你原来知道妹妹明天可能来，可能不来，在收到这封电报后，关于妹妹是否来的可能性就缩小到一个状态——来。在你没有看桌子时，对于桌子上放了什么东西的可能性很多，可以是杯子、本子、钢笔、香烟、收音机……但你用眼睛看了一下，你所知道的桌子上放了什么东西的可能性空间就变小了。

实际上，我们平常所说的"知道"并不仅限于可能性空间变小。如地震大队最近预报，近期内这一带可能有地震。原来我们知道这一段时间脚下地层变化的可能性状态只有一个——"不震"。但发了地震预报后，知道的可能性状态增加到两个，即"可能震"与"可能不震"。因此，我们看到，所谓"知道"，实际上就是我们头脑中关于事物变化的可能性空间变大或变小的过程。在绝大多数情况下，可能性空间变小。

以前人们认为信息是无法用定量描述的，一篇文章、一幅绘画或者一段音乐，它们所包含的信息似乎有无限多，我们可以从各种角度来分析它们的意义。像《离骚》《神曲》《红楼梦》这样的不朽著作，仁者见仁，智者见智，越读意味越深远，谁也不敢说它们究竟要告诉我们多少信息。不过数学家看问题的角度不同，尽管他们也经常想入非非，但一旦他们决定建造一座坚不可摧的理论大厦，就一定要用精确的语言来框定那些最基本的概念，并且通常习惯用定量的方法把它们表达出来。美国数学家兼工程师克劳德·埃尔伍德·香农（Claude Elwood Shannon）在创立信息量的理论方面做了许多工作。

前面说过，得到信息的意思就是知道了过去所不知道的，或要进一步知道过去知道得较少的东西。但什么是不知道或知道得较少呢？如果可能性空间中每种状态实现的机会都相同，我们就说对最后的结果不知道或知道得很少。例如在收到电报之前，妹妹明天可能来也可能不来，来和不来这两种可能性的实现机会是相等的。收到电报之后，两种可能性的实现机会就不相等了，我们可以说，对于结果如何，就知道得多一些了。确定信息量的大小，就是依据这样一种思想。这里引出了一个非常重要的概念——概率。概率是用来表示各种可能性实现的机会大小的度量单位，人们把必然发生的事件的概率规定为1，把绝对不可能发生的事件的概率规定为0。我们可以通过概率来严格地计算信息量的大小，不过在许多场合，我们也可以简单地根据可能性空间的变化来度量信息量。例如，有一个人到有1000个人的工厂中去找熟人。这时，他的头脑中这个"熟人"所处的可能性空间是这个工厂的1000人。传达室告诉他："这个熟人在第一车间。"这时，他就获得了信息。但获得的信息有多少呢？第一车间是999个人还是100个人对他来说很关键。如果是999个人，那么他所了解的可能性空间并没有缩小多少，找起来同样费力。因此，我们可用可能性空间缩小到原来的几分之一来度量获得信息量的大小。如果第一车间有100人，那么他获得的信息为100/1000＝（1/10）。通常，我们不用1/10，而用1/10的负对数来表示信息量，即$-\log(1/10)=\log 10$。为什么要用负对数呢？这个度量方法有一个好处，就是把几次获得的信息量加起来，就是获得的总信息量。比如那个人到了第一车间，人家告诉他"熟人在第一组"。那么他获得了第二个信息，如果第一组有10个人，第二个信息使可能性空间又缩小到10/100＝1/10，两次获得信息使他知道熟人在全厂范围的可能性空间缩小为（100/1000）×（10/100）＝10/1000，显然$-\log(100/1000)+[-\log(10/100)]=\log(10/1000)$，即只要把两次获得的信息量加起来，就是获得的总信息量，这两次信息量的和，和传达室一下子告诉他"熟人在第一车间第一组"的信息量是相等的（图2.1）。采用负对数还有一个好处：只要可能性空间缩小了，获得的信息量总是正的。如果可能性空间没有变化，–log1＝0，获得的信息量就为0。如果可能性空间扩大了，信息量为负值，人们原来对一件事比较确定的认识也就变得模糊起来。

实际应用中，我们使用以2为底的负对数来计算信息量，最小单位称为比特（bit）。

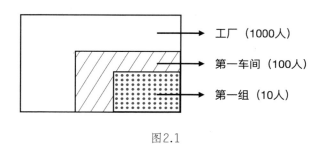

图2.1

一行文字由单个的字和标点符号组成，在拼音文字中则由字母和标点符号组成。在读到这行文字之前，我们对每一个单位将出现几十个字母中的哪一个是不知道的，读了之后每一个单位的可能性就确切地变为那个特定的字母。沿着这个思路我们可以算出一行文字的信息量或一整部作品的信息量。同样我们可以把一幅照片分解为平面上纵横排列的点，像报纸上的照片中每个点实际只有白色和黑色两种可能，整幅照片的信息量就由所有点表示的信息量组成。这样任何一幅照片、绘画或者雕塑所包含的信息量都成为特定值，因而也就可以计算了。信息概念量化以后，人们找出了许多有关信息传递和存储的规律，使有关通信和控制的理论变得严密、精确，成为真正现代意义上的科学。

2.2　信息的传递

　　信息之所以被称为信息，就是因为它的可传递性。传递信息有几个重要的环节，一个称为信息源，一个称为信息的接收者。在信息源和接收者之间还必须存在信息传递的通道，信息通道把信息源"发生了什么事件""传递"给接收者。

　　所谓传递，就是信息源和接收者两个系统之间的联系，就是一个事物对其他事物的影响。庄子和惠子的争论本质上就是关于信息能否传递的问题。惠子认为，人不是鱼，人就不能知道鱼是否快乐。也就是说，鱼是否快乐不能作为信息来传递。庄子抓住了惠子的这一个观点，并将其推而广之，即如果鱼是否快乐不能作为信息传递，那将意味着任何事件都不能作为信息传递，惠子也不可能知道庄子是否知道。信息在传递过程中的形式称为信号。不同形式的信号传递能力是大不一样的，传递途径也是大不一样的。一个茶杯放在桌上，我可以通过多种方法获得它的信息，我通过眼睛看到它的颜色、形状，通过手拿感觉它的重量。然而，这种信息传递过程只对茶杯旁边的人才适用。如果电视摄像机对准了茶杯，茶杯的形状就变成相应的电脉冲和无线电波，无线电波发射出去，千千万万人都能获得茶杯形状的信息。但这样一来，虽然信息传得远，但通过这种方法获得的信息就不如在茶杯旁边的人那样多了。人的眼睛看见茶杯，需要通过视神经把携带茶杯形状的光信号变成电信号，也就是通过一系列传递过程才能完成。

　　那么，信息传递过程中的传递是什么意思呢？是传递物质还是传递能量呢？都不是。信息的传递是指可能性空间缩小过程的传递。信息源发生的确定性事件使它的可能性空间缩小了，经过传递，这种缩小最终导致信息接收者的可能性空间缩小。因此，所谓信息的传递也就是可能性空间变化的传递。从这点来说，信息传递和控制有密切的关系，我们在第一章曾经说过，所谓控制也是一种使可能性空间缩小的过程。实际上，信息的传递离不开控制，控制也离不开信息的传递。

我们常说，DNA携带着遗传信息，这是什么意思呢？大家知道，DNA是一个双螺旋结构，它含有4种不同的碱基：腺嘌呤、鸟嘌呤、胞嘧啶、胸腺嘧啶。这4个碱基可以组成不同结构的DNA。不同的碱基排列的形式控制着不同氨基酸，不同氨基酸可以结合成不同的蛋白质，组成不同的酶，不同的酶控制着不同的细胞形态，不同的细胞形态决定了生物不同的特征，决定了这一种生物是狗，是猫，还是老鼠，这里我们看到一个控制链。DNA的结构一旦确定（可能性空间缩小到某一状态），就引发一系列可能性空间的缩小，最后决定了遗传特征的可能性空间缩小，决定了某一物种的形态。所谓DNA携带遗传信息，实际上是指DNA结构可以控制物种的形态和特征（图2.2）。

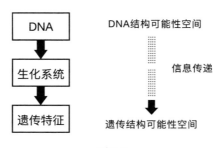

图2.2

我收到一封电报，实际上这里也存在着一系列控制行为。妹妹到邮电局去打电报，她的选择使电报纸上出现的字的可能性空间缩小。电报纸上的不同的字选择了不同的数字组合，数字组合通过发报机选择了不同的无线电信号……一直到我收到电报，引起我头脑中可能性空间的缩小。

传递信息需要我们实行某种控制，反过来，控制过程又必须依赖信息的传递。很多时候，我们不能实现有效的控制，是没有获得足够的信息之故，生物反馈在这方面提供了一个很好的例子。

大家知道，一般人不能控制自己的心跳快慢，也不能控制自己的血压高低。所谓不能控制，人们认为这是人的意志不能对它们施加影响，因此这一类内脏器官的活动通常被称作"不随意运动"，与人的意志能够自由控制的骨骼肌的"随意运动"相区别。实际上，人的意志之所以不能随意控制这些器官的活动，很大程度上是没有获得它们活动情况的足够信息。一般说来，位于内脏部位的各种内感受器接受刺激并将冲动传入中枢后，虽然有时也可能引起一些较模糊的感觉（如饱感、尿意等），但常常不会引起明晰的主观感觉，而主要引起某种内脏或躯体反射，使体内各器官、系统的活动自动达到平衡与协调，如使内环境的理化性质①相对稳定，心率血压保持相对恒定等。而肌肉、关节的运动和位置的感觉，被称为本体感觉，它们和其他外感受器的感觉

---

① 理化性质指的是物理性质和化学性质，内环境的理化性质包括温度、渗透压以及各种液体成分等。

（如皮肤、视觉、听觉、嗅觉和味觉）一样，通过特异性传入系统再传到大脑皮质相应的特定部位，能够引起清晰的特定的主观感觉，人的大脑每时每刻都可以清楚地接收到自己四肢位置和姿势的信息，因而也就可以有意识地控制它们。解剖学表明，人体大脑皮质的躯体感觉区中，对应手指和口唇部的区域最大，说明大脑对这些部位的信息最敏感，因此人对手指和口唇的控制也最自如，这显然与人类的劳动和语言有关。根据以上原理，医学界发展出一种生物反馈疗法。这种方法认为，只要人能够时刻清晰地获得自己内脏活动的信息，比如能够像感觉到手上拿了什么东西那样，感到自己的血压是多少，再经过适当的训练，就可以控制自己的血压了。目前流行的生物反馈治疗仪的原理都非常简单，一般是把心率、血压、痛觉等内脏信息转换为数字、灯光、音响等显示出来，利用眼睛、耳朵等外感觉器输入大脑。这方面有许多疗效显著的报道。据说甚至猴子、狗、牛这一类动物经过训练也可以利用生物反馈治疗仪来控制自己的关节疼痛和胃溃疡。由于条件反射的本领，大多数病人经过一段时间的训练之后，离开生物反馈治疗仪也能够获得一定的控制能力。这本质上就是利用反馈放大自己的控制能力，从而控制自己原来没有能力控制的行为。信息论的研究指出，这种反馈之所以能够实现，关键在于构成了信息传递的新通道。

实行控制需要获得足够的信息量，这是一条重要的原理。大家也许已经观察到一些失声症患者不一定耳聋，但先天性的耳聋或者在2—3岁前失去听觉，就一定是聋哑人士，聋哑病人多数属于这种情况。他们不能接收到语言的信息，因此也就不能控制自己的发音器官准确地发出语言。他们对别人的语言在很大程度上只能靠眼睛观察神色和口型，猜测别人的意思，但这样获得的信息量远远不足以使自己学会说话，这些人的发音器官大多是健全的，只要恢复听力，他们中间的一些人也许还可以成为出色的歌唱家。

对这个原理，我国古代哲学家已有所觉察。《列子·汤问》中记载了一段关于纪昌学箭的故事。纪昌向神箭手飞卫学箭，飞卫对他说："你先学不眨眼睛，然后才能谈及射箭。"纪昌回家之后，就开始练习起来。他妻子织布的时候，他就躺在织布机底下睁大眼睛，注视着来来去去的梭子。这样学了两年，纪昌以为自己学得差不多了。但飞卫说："功夫还不到家，还要学会看才可以。把小的看大，把微小的看得清楚，然后再来告诉我。"纪昌记住飞卫的话，他用一根牛毛，缚了一只虱子，吊在窗口，每天站在那里，一心一意地注视着那只虱子。练到后来，那只缚在牛毛上的虱子在他眼睛里一天天大起来了，大得像车轮一样。纪昌再去见飞卫，飞卫很高兴地拍拍他的肩膀说："你已经成功了！"于是飞卫再教他怎样拉弓，怎样放箭。不久，纪昌就成为百发百中的神箭手。这个故事一向被人解释成学本领要勤学苦练。但勤学苦练射箭只要每天练拉弓放箭就行了，为什么要强调练习眼力呢？显然，这则故事的意思是要说明眼力和箭法的关系。用我们今天的话来说，就是只有获得目标的足够信息量，才能控制目标。

信息和控制的依存关系反映了认识论中"知"和"行"的统一，"知"表示获得信息，"行"表示实行控制。人们只有对外部世界有所认识，才可以能动地去改造它。反之，人们只有参与对外部世界的改造，才能够获得对它们的真知。传递信息和实行控制的过程都贯穿着事物可能性空间的变化，并且它们之间存在着一定的质和量的约束关系，这就深刻地揭示了"知"和"行"在本质上的统一。

2.3　信息是一种客体吗

信息只有在传递中才有意义。离开了信息源、通道和接收者之间的联系来谈信息是毫无意义的。我们研究信息，从根本上来说是要解决客体和我们人的意识主体之间的传递过程，因此不能纯粹脱离主体来谈信息。

固然，自然界大量信息过程都不依赖于人的主观而存在。但主客体的差别，只在认识论范畴中才有意义，而在认识过程中，信息恰恰是主客体之间的桥梁，是沟通两者的媒介。因此，在认识论范畴中，信息不是纯粹的客体。

有人认为既然数学家把信息定量化了，信息就成了一种纯粹的客体。他们认为数学家所采用的计算信息的方法与文学家、艺术家的标准无关。他们认为数学家并不关心信息所传递的实际内容，只对符号出现的概率和数量有兴趣。正如长途电话台的收费员只关心通话的距离和时间，不管人们在电话里谈恋爱还是相互吵架。实际上，这种理解并不完全正确。信息除了有量的方面，还有更重要的质的方面。数学家在质的规定性明确之后，才给信息量下定义。信息量只是信息多少的一种表示，并不排除信息的主观作用。由同一信息源发出的同一信息，对于不同的接收者可能有完全不同的意义。而这些不同的意义，正是包含在信息之内的东西。

公明仪对牛弹起清角之操，牛理也不理，照样吃草。公明仪弹起蚊虫之声、小牛叫声，牛就摇尾巴，抬起头来听。随着接收者的不同，同样的事件，可以有着完全不同的意义；对于不同的人，同样的话，有不同的内容。这种现象，称为信息的主观性。信息主观性在实际生活中可以找出许许多多的例子。诸葛亮命令关羽埋伏在华容道上，等候曹操，并让关羽在山冈上点起火，引曹操来。关羽说，曹操一看见烟，就必定知道这儿有伏兵，如何敢来。诸葛亮说，曹操善于用兵，一看见烟，必定以为虚张声势；要引曹操来，只有用这个办法。同样的山冈上有烟这个信号，对于曹操和关羽，有着截然不同的意义。对曹操来说，它意味着华容道上无伏兵。而对于关羽，恰恰相反。同样的信号，经过人的头脑的加工，就产生了主观的差异，带上了主观的色彩。

在哥廷根召开的一次心理学会议上，一个小丑突然冲进会场，一个黑人紧追而入，后者手持短枪。两人当众搏斗起来，忽然听到一声枪响，两个人便一道跑了出去。整个事件只延续了20秒钟，给目睹者留下深刻的印象，会议主席立即请所有的与会者写下他们目击的经过。其实这件事是事先安排的，经过了排演并有摄影可资核对，不过是一次实验，尽管与会者当时并不知道。科学家的观察力向来比较精准，但在上交的40篇报告中，只有1篇在主要事实上的差错率少于20%，14篇有20%—40%的差错率，有25篇的差错率在40%以上。特别值得一提的是，有一半以上的报告含有臆造出来的虚假情节。只有十分之一的人看清楚了黑人是光头。其余有人说头戴便帽，有人说头戴高帽子。黑人穿的是一件短衫，所有的人都说对了。但有人把短衫的颜色说成是全红的，有人说成是咖啡色的，还有说成是条纹的，实际上是一件黑短衫。由此可见，信息经过人的思维被变换了。切不可把经过人的头脑加工的、带有主观色彩的信息与所发生的客观事件混为一谈。

2.4　通道容量

正如火车要在铁轨上运行，电流要经过导体传导，信息的传递存在着通道和通道容量问题，大家一定会感到非常自然。我们还是从一些具体的例子来开始研究。

某地震大队，从仪器和各种数据分析得到结论：近期内要发生六级地震。他们怎样把这一信息传递给别人呢？一个办法是拉警报。警报器有两种可能状态：一种是警报器响了，另一种是不响。这两种状态必定是可控制的。即地震大队可根据他们所获得的信息——震还是不震——来控制警报器响还是不响。如果警报器不响还可由别的原因决定，而不是完全由地震大队决定，那么就不能由它来传递关于地震预报的信息。这常称为信息传递受到了干扰。此外，仅仅是警报响还不够，还必须向群众讲明，在这段时间内，警报响表示什么意思。用控制论的术语说，就是通过L（警报器，它

有两个状态L_1、L_2），建立起地震大队关于地震可能性空间K
（有两个状态K_1、K_2）与群众关于地震预报的了解N（也有两
个状态N_1、N_2）的一种联系（图2.3）。这种联系建立后，一
旦K的可能性空间缩小了，就会引起N的可能性空间缩小。这
种建立联系的方式，称为信息传递的通道。在警报器的例子
中，信息传递通道如图2.4所示。任何人与人之间信息传递的
过程都可以表示为图2.5。

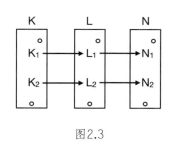

图2.3

地震大队　　　警报器　　　群众

图2.4　　　　　　　　　　图2.5

　　在电报中，C的各种可能性状态由不同长短的电码组合起
来。在信件中，C的可能性空间是词组。当然，整个传递通道
中可以有不止一个C。通常一个人用声音把信息传给别人时，
信息就经过如图2.6所示的通道传递。

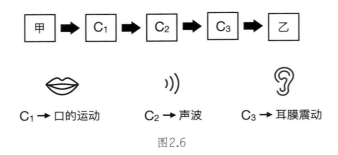

$C_1 \rightarrow$ 口的运动 $C_2 \rightarrow$ 声波 $C_3 \rightarrow$ 耳膜震动

图2.6

一条通道,在单位时间内,可以传递的最大信息量称为这一通道的通道容量。我们来看,通道容量由哪些因素决定。在警报器的例子中,通道容量由如下几个因素决定:

(1)人拉警报的速度和控制能力。

如果警报器经常坏掉,有时为了使警报器响起来,要摆弄警报器好几天。那么这架警报器的通道容量就小,它只能传播以几天、十几天时间为单位变化的信息。而图2.6不能用来做紧急情况传递的通道。

(2)警报器有几个可辨状态,即警报器可能性空间有多大。

因为人的头脑中关于地震可能性空间的缩小,要通过警报器的可能性空间缩小来传递。因此,警报器的可能性空间(可辨状态)越大,其可传递的信息量也越大。当警报器只有"响""不响"两个可辨状态时,如果我们要传递"近期有六级地震"这样的信息,就会觉得困难。因为人们从警报器中只能辨别"震"还是"不震"这两种状态,不能辨别出可能有几级地震。为了做到这一点,必须用警报器的信号组合来传递信息。警报器可以发出两种不同的声音,利用短响、长响和不响3种情况的配合来组成各种信号，像打电报一样。这样警报器的可辨状态扩大了，虽然所需要的时间相应长一些，但总的信息量可以大大地增加。

有一次，晋平公作了一把琴，琴的大弦与小弦完全一样。晋平公让一个有名的音乐家师旷来调，师旷调了整整一天，没有调好。晋平公怪师旷没有本事。师旷回答说："琴，它的大弦好比是君主，小弦好比是臣子。大弦、小弦的作用不同，配合起来才能发出动听的声音。不互相侵夺各自的职能，阴阳才能调和。现在您把弦都弄成一样的，那就失去它们应有的职能了，这难道是乐师所能调好的吗？"师旷在这里实际上就是讲出了通道容量的大小对于信息传递的重要性。如果琴可发出声音的种类很少，即通道的可辨状态很少，任凭艺术家心中有多少崇高美妙的旋律，这种信息也是传递不出去的。

（3）警报传给人的速度和对人的控制能力（人对它的信任了解程度）。

在第一次世界大战时，当时最大的客轮"卢西塔尼亚"号被德国潜水艇击沉的消息，是以两种不同的通道传入非洲中部地区的，一条通道是报纸和无线电，另一条通道是非洲人用鼓声组成的鼓语。初看起来，报纸的可辨状态比鼓语的可辨状态多得多，无线电波传播速度比声波快得多。但实际上，由鼓语传递的信息很快传到了非洲中部地区，其速度甚至和欧洲用报纸、无线电传递信息一样快。为什么呢？因为通道容量由上述三个因素决定，对于当时的非洲各部落，鼓语对人们耳朵的控制能力比报纸和电报大，也就是第三个环节非常有力，而当时的非洲人对报纸却不注意。

上述3个因素结合起来决定了通道容量的大小。其中每一个环节受到限制，都会影响通道容量的大小。同样的失火事件，一般人看见了，用高声呼救的办法把信息传递出去；一个聋哑人看见了，只能用手势、神态来表达。照理说，聋哑人的手势、神态通过光波传递，比声波传递的呼救声要快，但实际上人们总是先听到呼救的声音。显然语言的可辨状态比手语要多，而且对一般人的控制能力也比手语要强。

用仪器来观察自然现象，可以看作人通过仪器来获得自然界信息的过程。仪器可以看作信息传递的通道。人们总有一个普遍心理，那就是仪器越精密越好。随着仪器精密度提高，仪器的可辨状态增加了，但人控制仪器、调整仪器所花的时间也增加了。在单位时间内，仪器可传递的信息量不一定随仪器精密度提高而增加，有时反而减少了。因此，在一个粗糙的实验中使用过分精密的仪器是有害的。

控制论中有一条原理：在单位时间里要传递某一数量信息时，选择的通道容量不要太大，也不要太小，最好等于你所要传递的信息量。为什么呢？通道容量太小，信息就不能及时地传出去，这是显而易见的。那么通道容量太大又有什么坏处呢？一是没有必要，并且可能造成浪费。二是随着通道容量的增大，信息受到的干扰也会变多，搞不好会得不偿失。十字路口，告诉驾驶员车辆能否通行的信息是黄、绿、红3种颜色的灯。对于汽车能否通行这个信息的传递，用1个红灯、1个黄灯、1个绿灯组成的通道已经够用了，如果不用这样的通道，而用容量大的通道：如几百个黄绿灯和别种颜色如粉红、紫、白等颜色组成的系统来传递汽车是否可以通过路口的信息，司机反而会被弄得晕头转向，增加发生交通事故的概率。

在信息传递过程中，当可辨状态的控制能力减弱或失去控制能力时，我们说，信息的传递受到了干扰。

古时候，烽火台是用来传递敌人是否来犯的重要信息的。因而，烽火台在平时是被严禁使用的，因为烽火台是否起火要牢牢受到敌人来还是不来这两个状态的控制。周幽王平时为了玩就把烽火台点了起来，结果使这一通道受到致命的干扰，以致最后敌人到来的信息根本传不出去。

根据信息传递过程的3个基本环节可以把干扰分为3类：

（1）干扰发生在人控制通道的可辨状态过程中，这称为控制干扰。

（2）干扰发生在信号自然传递中，或某些外来因素影响了通道的可辨状态，这称为自然干扰或噪声。

（3）干扰发生在人接收信号的过程中，这通常称为主观干扰。

干扰会使信息畸变、失真，使人们的认识不能正确地反映客观世界的本来面目。人类意识的能动性不仅在于对客观世界的改造作用，还贯穿在整个认识过程的始终。人类从开始传递信息的第一天起，就在和干扰作斗争了，这在控制论中称为"滤波"。它反映了人类能动地认识世界的一个重要方面，使人类的观察力区别于镜子的反射。因此，研究有关滤波的理论，不仅是通信工程的任务，也是认识论的一项重要课题。

2.5　滤波：去伪存真的研究

千百年来，人们积累了许多对付干扰的方法，其中许多已被科学家和工程师采纳，在通信技术中形成了一整套滤波理论，有的被人们广泛地应用于实践，成为科学方法论的一个部分。下面我们来研究几种与滤波有关的方法问题。

最直观的滤波方法是让信息沿着同一通道重复传递。打电话的时候，如果没听清，我们总是要求对方把话再重讲一遍。小学生掰着手指头算一道算术题，如果算错了，老师请他再掰手指头算一算，一个信息用同一通道重复传递，把得到的结果互相核对，就可能发现错误所在。这种方法对于排除那些随机发生的、偶然的干扰比较有效，因为偶然发生的干扰很难产生最后相同的结果。现代一些大型电脑也常常使用这个方法来进行验算，但是这个方法有一个很大的缺陷，它不能排除同一通道中那些系统的、规则发生的干扰。

另一个更好的滤波方法是，用完全不同的通道来传递同一个信息，再把各种结果拿来对比、分析。为什么这一方法比重复同一通道传递信息好呢？因为即使是系统的、规则发生的干扰，同时影响几条完全不同通道的可能性也是很小的，我们举几个例子。

德国气象学家、地球物理学家魏格纳（Alfred Lothar Wegener）从非洲大陆和美洲大陆可以拼在一起得到一个结论：古代世界的大陆是合并在一起的，由于地壳的水平运动造成大陆漂移，才形成今天全世界陆地的分布。非洲大陆和美洲大陆可以拼在一起，这只是一个信号。这个信号是否含有"古代大陆是一块整体"的信息呢？可能古代大陆是合并在一起的，但这也可能只是一个巧合。巧合在这里就可能是干扰。这个干扰如何排除呢？那就需要看其他一些通道是否带来同样的信息。科学工作者们分析了残留在岩石里的古代地磁场，发现从古地磁的角度也能证明这一点。要肯定这样一个重要的假设，光有两条通道还是不够的。科学工作者又从古生物学、海底年龄和沉积物等许多完全不同的途径得到同一个信息——"大陆发生过漂移"。于是，虽然大陆漂移的机制尚不明了，但漂移的假设基本上被肯定下来了。

第二次世界大战期间，盟军得到一个信息：德国人还不能制造原子武器。这个信息可靠吗？会不会是敌方故意捏造的呢？这时，盟军从另一条和军事方面完全没有关系的途径获知：德国人正在用钍做牙膏。钍是当时制造原子武器所需的化学元素。从这两条完全不相干的途径就证实了德国人还不能制造原子弹的结论，排除了可能发生的干扰。

对于那些有重大意义的事件，不可让一条脆弱单一的信息通道来传递。据说，在美军准备启动核导弹的中心控制室里，制定了一整套严密的措施来控制核导弹的发动。为防止在核战争恐怖气氛下控制人员可能因神经错乱而随意按下启动按钮，除了定期对控制人员进行精神病检查外，操作系统还必须由两个人同时操作，他们在接到命令后分别按程序按下各种按钮，这样控制才会生效。两名控制人员同时发生神经错乱的可能性毕竟太小了。从军事的角度来说，这样做是完全必要的。为什么当有实验证据发现一个新的基本粒子时，科学家要反复地检验，为什么迄今出现了那么多关于外星人的考古学证明和飞碟的报道，而科学家还不敢肯定地外文明的存在。因为这些信息携带的事件太重大了，人类在接受它们之前，必须再三判断它的可靠性。

有趣的是，早在人类认识到使用不同通道传递信息的重要性之前，生物体已经在不断的进化过程中采用了这种方法。对于一个物种，最重要莫过于自身的延续问题了。我们知道，物种的遗传信息是通过染色体中的DNA来携带的。人们发现，比较高等的生物，体细胞内的染色体都是成对出现的，它们通过"减数分裂"进行繁殖。子代从母本的卵细胞得到半套染色体，又从父本的精子细胞中得到半套染色体，卵细胞和精子细胞结合后，两个半套染色体就结合成一套成对的染色体。在一些低等的生物中，事情要简单得多，例如红色面包霉菌的染色体不成对，都是单个的，它们在繁殖的时候不通过父本和母本的减数分裂，细胞直接经过有丝分裂产生后代。为什么生物在进化过程中要否定这种比较简单的繁殖方法，而逐步采用前面那种比较麻烦的方法呢？原来，携带着遗传信息的染色体，也像其他信息通道一样，经常受到各种因素的干扰。这些干扰可能是物理的、化学的、生物的作用，一旦它们影响了染色体的组成，就会导致突变。绝大多数（99%以上）的突变是有害的，有些甚至是致命的。不实行减数分裂的低等生物，实际上把遗传信息交给了单个染色体去传递，相当于只设立1条信息通道来传递如此重要的遗传信息。这样如果上代个体的任何一条染色体产生了缺陷，都会直接地传递给下一代。为了保持物种的稳定性，高等生物用减数分裂的方式来繁殖，这相当于设立了两条信息通道，让父本和母本分别来携带遗传信息，子代从父本的精子细胞里得到一套信息，又从母本的卵细胞里得到另一套信息，把两套信息拿来相互核对。这种传递遗传信息的方法使生物避开了许多可怕的遗传性疾病。例如人类的镰状细胞贫血，如果双亲的染色体都带有镰状贫血基因，后代就会患上这种病并在儿童时期死去，但如果双亲之中只有一个携带这种基因，缺陷就会被遮盖掉，显示不出病征，看来生物体不仅设立了不同的通道来传递信息，而且建立了一种专门核对不同信息的机制。

必须指出，所谓不同的通道应当使通道组成的各个环节尽量不同，否则在那些相同的环节中仍有可能经常受到特定干扰的影响。《战国策》里有一个曾参杀人的故事。有人听说曾参在费国杀了人，就去告诉曾参的母亲。曾参的母亲正在织布，听了这消息，头也不抬地回答说："我的儿子，绝不会杀人的！"过了一会儿，又有人来报告说："曾参杀了人了！"曾参的母亲还是不相信。过了不久，第三个人又来报告："曾参杀人了！"曾参的母亲听了那么多人来报告，害怕了，立刻扔下手中的梭子，急急忙忙地离开织布机，跳墙逃跑了。其实在费国杀人的是与曾参同名的另一个人。曾母在这里犯了一个错误，她所得到的信息虽然是由3个不同的人向她传递的，但这3个人都把姓名与人的对应关系弄错了，3条通道的第一个环节——可辨状态是相同的，而干扰也正好出在这个环节上，曾母没有从一条各个环节都不同的通道来获得信息。生物的远缘繁殖比近缘繁殖所产生的子代更有生命力，因为近缘意味着父本和母本的信息来自一些共同的通道，一旦这些环节受到干扰，它们的后代会接收到相同的错误信息，无法通过相互核对来弥补不足。

我们知道，质量、能量、动量、动量矩、电荷等物理量在体系的变化过程中都遵守相应的守恒定律，那么信息量是不是也遵守某种守恒定律呢？人们发现，在信息传输的过程中，信息量服从一条相应规律：它只会在传输过程中不断减少，不会增加。换句话说，信息在传输过程中的不确定性只会增大，不会减少。为什么呢？因为有干扰存在。由信息源发出的一个消息在传递过程中只会越来越不确切，不会越来越清晰。一般说来，信息传递的通道越长，环节越多，可能受到的干扰就越多。只要在信息传递过程中任何一环控制能力被减弱，整个信息传递过程就会受到影响。因此，当有许多通道可以传递信息时，我们总要尽量选取那些比较短的、离信息源比较近的通道。历史学家在考证一个历史事实时，总是比较尊重与之同时代或与之时隔不久的记载证据。《韩非子》里有个愚人买鞋的故事。有个愚人想买一双新鞋子穿，先在家里用尺量了量脚，摘了根稻秆，记下了尺码。可是由于走得急，把稻秆忘在家里了。他到了鞋店，摸了摸口袋，发现忘了带稻秆，就急忙回去拿。等他赶回来，鞋店已经关门了。这位先生只相信那根稻秆，而不相信自己的脚。他不知道脚的大小的信息由脚传到尺，又由尺传到稻秆，中间受到了许多干扰，哪里有自己的脚可靠呢？信息量在传递过程中只会减小不会增大的规律，具有很大的认识论意义。唯物论的认识论强调直接实践，强调第一手资料的重要性，或许可以通过这个规律从科学上得到说明。当然，强调直接实践的重要性并不意味着它是获得信息的唯一通道，在许多情况下，人们还是不得不依靠一些较多的环节、较长的信息通道来感知世界。

排除干扰还经常采用"阻抗滤波法"。

无线电中电容器无法通过低频信号但能通过高频信号，电感则相反。这就是阻抗滤波的最简单的例子。广义一点讲，所谓阻抗滤波，就是找到干扰信号和携带信息的信号的本质差别，用一种装置或手段让干扰信号无法通过，而携带信息的信号能顺利通过。不同的无线电台利用不同频率的无线电波把信号发送出来，我们的收音机天线实际上把所有不同电台的无线电节目都接收下来了。如果所有这些节目都同时在喇叭里被播放出来，就是一件很糟糕的事情。收音机中的滤波器和相应装置利用不同节目的不同无线电波频率，选出某一个节目相应的无线电频率通过，而拒绝其他频率节目通过。电视接收也采用了类似的原理，不过在电视中，选择的标准不是无线电波的频率，而是电波的振幅。

在分析化学中，为了在组成复杂的混合物中鉴定出某种物质，必须使用具有特征性的指示剂。例如碘就是淀粉的特殊指示剂。在有微量淀粉存在的情况下，碘会迅速由紫色变蓝色，对其他物质就没有这种变化。碘的这种既灵敏又有极强针对性的指示作用，可以准确地传递淀粉存在的信息，排除其他物质的干扰。

在地震预报中，有人采用地下水中放射性元素氡的含量异常来传递是否有地震的信息。为什么放射性氡的异常能反映地震的信息呢？地震前，由于地壳应力的高度集中，地下异常现象是十分多的，不仅是氡，其他很多元素和化合物含量都可能出现异常，但常常只有氡可以准确地反映地下应力异常的信息并传到地表上来，而别的物质却不行。因为氡是一种惰性气体，它的化学性质很稳定，当地下异常发生时，它不易受地壳其他种种因素的干扰。别的元素就不行，它们在通过十几公里的地壳过程中，所携带的异常信息早被地表种种化学物理作用淹没了。选择氡作为传递地下异常状态的信息通道，就是一种阻抗滤波法，因为干扰信号不能通过这条通道被传上来。

生物的感受器都有其特定的工作范围，生理学上称为适宜刺激。也就是每一种感官只对某一种刺激最敏感，而对其他刺激的敏感度则很低。例如眼睛只能感受波长约3900埃至7700埃的可见光，耳朵只能感受约20赫兹到2万赫兹之间的声波。感官在感受环境的刺激方面表现出这种专门化和对相应刺激的高度敏感性，是生物长期进化的结果，它有利于机体对环境中影响生存最重要的变化做出精确的反应。可以想象，如果我们的感官不受限制地把外界的一切信息都输入神经中枢，那么大脑就会因为处理不了那么多信息而陷入混乱。

当信息传递中遇到的干扰主要是主观干扰时，通常采用滤波法，让信息及其重要性一起传递出去，用控制论的术语说就是让信息带上"情调"。非洲原始部落所用的鼓语中，如果听到单调的"勃拉克，阿登"声音时，人们都有忧郁恐惧之感，这是代表成年人死亡的丧音。这时，人们不仅凭信号，而且凭信号的节奏就可以感觉到发生什么事情了。说话时的语调是最常见的例子。一个人向你焦急地大声叫喊，虽然你听不清声音，但你知道一定有什么急事，你就会全神贯注，竖起耳朵听，以排除其他声音的干扰。信号灯的颜色、剧毒品包装纸上黑色的骷髅等等，都是传递信息时同时传递"情调"的例子。

　　反馈的方法也经常用于滤波，被称为反馈滤波法，利用收到的有用信号和通道互相作用，以便抑制无用信号通过。图2.7中A通过C将信息传给B。B在A第一次传来的各种信号中进行选择，将有用的信号再输回到C，与通道相互作用以抑制无用的信号，保证有用的信号顺利通过。人在每时每刻都在利用这种办法进行滤波。人的感官所接收的信息不一定都是人所需要的，即使在适宜刺激的范围内，仍有许多无用的信息。这些信息全部被送进大脑后，大脑能够迅速地做出鉴别，把注意力集中于有用的信息，使通道主要传递那些大脑感兴趣的部分，并用那些有用的信息来抑制那些无用的信息，对它们采取"视而不见""听而不闻"的办法。

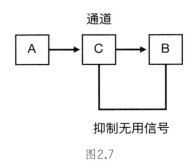

图2.7

　　还有一种和反馈滤波类同的滤波法——同步滤波。它利用信号与通道开关的同步来滤波，其作用过程可表示为图2.8。

　　A通过通道C将信息传给B，如果C老是开着，那么干扰也可以随时进入通道。在信息源发出的信号不是连续而是断断续续的情况下，这种通道的利用效率就很低。信息源A发出的信号在停顿的那段时间里，通道不但不传递有用的信息，而且为干扰提供了方便。这种情况可以采取控制通道C开关的办法，让C在有信息通过时才打开，没有信息通过时就关上，以减少干扰的进入。但这里必须再加一个条件，那就是C的开启和A信号的发生与否要同步。如果不同步，那A的信号也传不过来了。我们举一个例子，用气泡室观察基本粒子相互作用时，由于气泡产生和消失得很快，眼睛根本不能看见。因此，需要用照相机将其拍下来。这里，A代表气泡室，C代表照相机快门，B表示底片。显然，C不能老是开着，C开的时间越长，液体中出现的干扰（偶然出现的气泡、灰尘等）也会被拍到照片中去。因此，C只有在气泡产生的一瞬间才可以开，这就需要A与C的同步。下面通过一个留声机头来控制照相机快门，一旦A有大量气泡产生，就会马上在溶液中发出一种很短的声波。声波使容器壁发生振动，振动通过留声机头控制着照相机快门。同步过程越好，干扰也就越少。

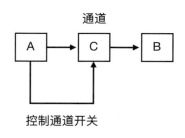

图2.8

滤波法还有很多种，我们在这里只讨论了一些一般的
原则，这些讨论也许还远远不足以反映整个问题的复杂性，
因为排除干扰的课题涉及认识论的某些根本原则。人们在实
践中经常体会到"去伪存真"是一件多么不容易的事情。当
然，我们也必须看到，正确的认识和判断不能完全归结于找
到排除干扰的方法，认识过程的复杂性还包括一些更高级的
思维规律。例如，在军事上，一些重要情报常常来之不易，
它们往往只能通过某几条干扰很大的通道获得。这该怎么办
呢？一些著名的军事理论家指出，军事上的重大行动不能完
全取决于情报。普鲁士名将及军事理论家卡尔·冯·克劳塞
维茨（Carl Von Clausewitz）讲过："对没有经验的指挥官来
说，更糟的是……一个情报支持、证实或补充另一个情报，
图画上在不断增加新的色彩，最后，他不得不匆忙作出决
定，但是不久又发现这个决定是愚蠢的，所有这些情报都是
虚假的……通常，人们容易相信坏的，……而且容易把坏的
作某些夸大……以这种方式传来的危险的消息尽管像海浪一
样会消失下去，但也会像海浪一样没有任何明显的原因就常
常重新出现。指挥官必须坚持自己的信念，像屹立在海中的
岩石一样，经得起海浪的冲击……"①

2.6　信息的储存

信息的另一个重要特征是它能被储存起来。我们已经

---

① 　［德］克劳塞维茨：《战争论（第一卷）》，中国人民解放军军事科
学院译，商务印书馆1982年版，第93—94页。

熟悉了物质的储存：我们知道，保存物质往往极其困难。一个橘子，放不了多久就会烂掉；一批钢材，长期不用就会锈蚀。保存信息当然也会遇到同样的麻烦，但与单纯保存物质有许多不同的地方。古代秦王朝本身早在地球上消失了，可是关于秦王朝的大量信息仍然保存在历史书籍和各种文物之中。每一个生物个体的寿命都不长，但作为一个物种，可以延续成百上千万年，现在仍然生存的一些蓝绿藻甚至在几十亿年中没有发生显著的形态上的进化。显然，在长期的世代交替中被保存下来的不是生物的个体，而是物种遗传物质中的信息。

信息储存的含义究竟是什么呢？我们可以从控制的角度进行一些研究。以秦王朝的信息保存为例，我们用A表示信息源，B表示信息的保存方式，C表示信息的接收者，它们分别包含以下一些可辨状态：

$A = \{a_1、a_2、a_3、\cdots a_n\}$，其中$a_1、a_2、a_3、\cdots a_n$表示秦王朝发生的各种事件。

$B = \{b_1、b_2、b_3、\cdots b_n\}$，其中$b_1、b_2、b_3、\cdots b_n$表示史书和各种文物的可辨状态。

$C = \{c_1、c_2、c_3、\cdots c_n\}$，其中$c_1、c_2、c_3、\cdots c_n$表示今天一位历史学家头脑中关于秦王朝的知识。

假定这位历史学家生活在秦王朝时代，他可以通过A→C信息传递过程获得关于秦王朝各种事件的知识，建立如下的对应关系，我们把这个过程表示为变换L_{AC}（图2.9）。

　　如果这位历史学家生活在今天，秦王朝A已经不存在了，他要通过L_{AC}过程来直接获得信息显然已不可能。但存在另一种A→B的过程，也就是存在另一种可辨状态B，它与A曾经有某种对应关系。B可能是史书、铁器，也可能是一个陶罐或者一枚刀币。虽然A消失了，但B一直被保存下来。这样，如果建立B和C之间的对应关系，这位历史学家也能获得关于A的知识。这个过程可以表示为变换L_{AB}和L_{BC}两个阶段（图2.10）。

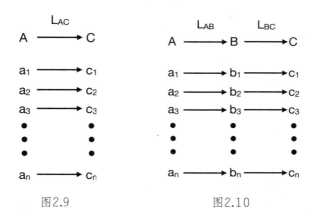

图2.9　　　　　　　　　　　　图2.10

　　我们把B看作对信息源A的信息的保存。一切信息保存可以归结为这样一种变换过程。如果仔细研究一下，可以发现信息保存还有几个共同的特点。

　　（1）B本身不一定是A，可以是与A完全不同的东西，但B的可辨状态一定要具有稳定性，比A能保存更长时间。照镜子的过程也包含着L_{AB}和L_{BC}变换，但镜子中的映像不能被用来保存实物的信息，因为映像的可辨状态跟实物同时产生，同时消失。照片就不同，它可以在实物的可辨状态发生变化以后仍然存在，因此可以用来保存信息。为什么化石能保存古生物的遗迹呢？原来，古生物的茎、叶、贝壳、骨骼等坚硬部分，经过矿物质的填充和交替作用，形成保持原来形状、结构以至印模的钙化、碳化、硅化、矿化的生物遗体和印迹。这些石化了的物质，当然比生物遗体具有更长的寿命。从这个意义上来说，信息的保存实际上也是一种传递性变换，把不稳定的可辨状态变换成一种稳定的可辨状态。

（2）B通常只反映了A的某一个侧面。假定A是一个橘子，它有一定的形状、颜色、味道、气味、化学组成等等，实际上它的可辨状态可能含有无穷个变量，它处于一个极为巨大的可辨状态空间中。但B往往只包含这极为巨大可辨状态中的几个有限状态。例如一张橘子的彩色照片只能储存橘子的颜色和二维形状，它不能保存橘子的气味、味道、细胞形态等信息。

B的可辨状态的多少决定着所储存的信息量的大小。比如我们问一个问题，今天进化而来的生物，会不会把自己进化历史的信息储存在组成生物的电子之中？回答是明确的，一个电子中不可能含有生物过去历史的信息，因为世界上任何两个电子都是一样的，它的可辨状态太小，不能保存信息。实际上，真正像图2.10那样一一对应的情况并不多见。所谓一一对应，就是A有一个a_i，B一定有一个b_i与之对应，B有一个b_i，A也一定有一个a_i与之对应。橘子与照片之间显然没有这种一一对应的关系，橘子的酸味、甜味在照片上就反映不出来。在很多情况下，A和B之间是多对一的关系，假如在十亿分之一的世界地图上，八达岭和十三陵只能用同一个点表示，在百万分之一地图上这两个地方就很容易区分，当然再要分辨出定陵和长陵的位置还有困难。分辨率高的地图储存的信息量就大些。其实，我们也可以把信息的储存看作一种特殊的信息传递过程，它也遵守信息量衰减的规律。生物体能如此精确地保持成千上万代不改变性状，可以想象，遗传物质所储存的信息量一定相当可观，生物的性状和基因密码之间必定有相当精确的一一对应关系，任何照片和地图都无法与之媲美。

（3）要使储存下来的信息可以被利用，我们必须具体地了解对应关系L_{AB}和L_{BC}。说起来也奇怪，有些学科看起来所研究的对象完全不同，例如考古学、犯罪侦查学和分子遗传学，但它们本质上都是研究A、B、C可辨状态之间的对应关系。保存信息的环节B往往成为这些学科研究的中心。考古学家会把一堆断简残片或者一幅破烂的帛画与2000年前发生的一场战争联系起来，侦探感兴趣的也许是现场的一点血迹或者一个指纹，他会由此联想到罪犯作案的情节和动机。相比之下，分子遗传学家的任务就更艰巨一些，他们不但要把遗传密码翻译出来，还试图通过改变密码创造出一些新的物种。

我们最熟悉的信息储存无疑是我们人类自己的记忆过程，它几乎每时每刻都在进行。"记忆"这个词本身就包含着"记"和"忆"两个部分，前者意味着L_{AB}，后者意味着L_{BC}。这种把生活中发生的事件记下来并且能够在日后清晰地加以追忆的过程，使我们把现在的行为与过去的行为连成一气，使我们具有学习和积累经验的能力，也使我们具有高度控制、调节与适应的能力。不过大脑中L_{AB}与L_{BC}过程发生的机制还远远没有弄清楚，人们对记忆过程中可辨状态的物质基础知道得还是太少了。

通过以上的分析，读者或许可以从行为和结构的观点来了解，储存物质和储存信息有一个明显的差别。储存物质时，实际上我们要保存无穷多的信息。比如一个橘子，要计算它究竟包含了多少信息几乎是不可能的。而当我们储存信息时，信息量总是有限的，它只储存了物质信息中极小的一部分，是对我们的认识有用的一部分。

2.7　信息加工和思维

我们的大脑与体内其他器官有一个显著的区别，它的主要职能不是加工物质，也不是加工能量，而是加工信息。大脑也不同于感官，单纯发挥一种传递信息的通道作用。我们通过感官获得客观世界的信息，在大脑中经过思维这一复杂的过程被加工成新的信息。我们在这里讨论几种最简单的信息加工模式。

逻辑思维中最简单的推理形式是三段论。三段论包括3个简单判断，每个判断都含有一定的信息量。三段论的实质是把大前提和小前提的信息加工成结论的信息。这种加工方式通常可以用可能性空间来表示。例如"狗是动物，花狗是狗，则花狗是动物"。"动物""狗""花狗"这3个概念分别表示3种可能性空间（图2.11），大前提说"狗是动物"，显然，狗的可能性空间包含在动物这种可能性空间之中，小前提说"花狗是狗"，花狗的可能性空间又包含在狗这种可能性空间之中。那么花狗的可能性空间当然也就包含在动物的可能性空间之中了。判断句的肯定项"是"，实际上指可能性空间的包含关系。这对数理逻辑有着决定性的意义。因为，这样一来，逻辑思维可以归为一种数学运算，用集合来表示可能性空间，用包含关系来描述判断。逻辑推理的重要内容是从一些已知判断中寻求新的判断。比如，我们知道判断1、判断2、判断3是正确的，就可推出其相交部分（图2.12）判断4也是正确的。推理的过程是信息加工的一种方式，它告诉我们可能性空间怎样缩小是合理的。

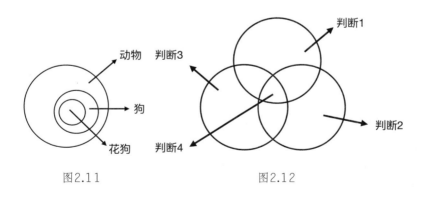

图2.11　　　　　　　　　　　　　图2.12

有时候我们所获得的信息并不反映一些确定性的事件，我们经常要与一些概率性的事件打交道。这种情况下就不能通过直观来进行判断了，我们经常要借助数学方法来进行思维，从一些信息中求出另一些信息。

我们来看一个例子。某一地区所有的深水井都变枯了，地震大队通过观察获得了这一信息，从这一信息来预报地震，实质上就是从井水变枯这一信息来推导地震是否将发生的问题。我们问：井水变枯了这一信息中含有多少关于地震的信息？这实际上就是说：在井水变枯的条件下，不久将发生地震的可能性有多大，或者是说：地震的可能性空间占井水变枯这一事件可能性空间的百分之几。

我们把关于地震是否发生和井水是否变枯的总可能性空间用C表示，A表示井水变枯这一事件，B表示发生地震这一事件，A和B的共同部分D表示井水变枯和地震一起发生的可能性空间。地震大队已经获得井水变枯的信息，这就是说，可能性空间的范围已由C缩小到A。在A中发生B事件的可能性有多大呢？这就是我们提的问题——井水变枯时地震的可能性有多大？我们可以用（D/A）表示（图2.13）。

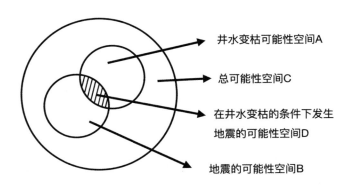

图2.13

假定我们从这个地区统计资料中发现：

（1）这个地区发生五级以上地震平均是3000年一次。

（2）这个地区井水变枯平均为30年一次。

（3）地震发生前90％的井水会变枯。

现在井水变枯了，是不是90％以上井水涉及的地区会地震呢？我们来算一下（D/A）的数目。

（D/A）＝（D/B）·（B/C）·（C/A）

其中：（D/B）＝（90/100），

（B/C）＝（1/3000），

（C/A）＝（30/1），

于是（D/A）＝（90/100）·（1/3000）·（30/1）＝（9/1000）

也就是说，在井水变枯的情况下，地震的可能性还不到1％，这就得出比直观判断更正确的结论。

如果说逻辑思维主要是研究概念、判断和推理的，那么自由联想就完全不同。我们由木头想到树，由树想到春天，由春天想到花，由花想到蜜蜂，思想像插上翅膀一样可以飞得很远很远。自由联想通常先由一个信息A变到和它有共同部分的另一个信息B，再由B变到和它有共同部分（但和A并不一定有共同部分）的信息C等（图2.14）。

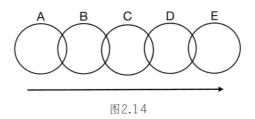

图2.14

　　有时，自由联想构成一个封闭的循环，当人陷入某一种情绪时，信息运动常采取这种形式（图2.15）。通常这种思维方式是有害的，它使人老围着几个念头打转，形成一种封闭的思路，无法解脱出来，它与自由联想正好相反，走到思想被束缚住的极端。我们在思索一个问题的过程中，如果出现了这种循环，就打不开新的思路，必须设法从中跳出来。失眠病人晚上睡不着觉，大脑中的信息就常常以这种方式运动。严重的情况下，这种思维方式还会导致精神错乱。

　　我们在第一章讲过的共轭控制在思维过程中是十分重要的。从控制论角度看，人的思维空间可以分为两个部分，一个称为形象空间，一个称为概念空间。人在进行形象思维时，形象思维就是形象空间中信息的运动。而概念空间代表抽象思维时信息运动的范围，实际上，人在进行最简单的推理时，都必须牵涉到这两个空间的协调。在这种协调中，共轭控制是十分重要的。比如我们听说一个人服了敌敌畏，马上想到：这个人要死了。这个结论是怎么推出来的？显然，光靠形象空间的信息运动是解决不了这个问题的。如果你看见过一个人服敌敌畏后的全过程，你还有可能想象，服了以后会出现什么症状，这个人躺在床上，很痛苦，最后死了，要从形象空间推出这一结论必须从前提N_1（图2.16）推到结论N_2，在形象空间A中，走过一段较长的连续曲线F。实际上任何人都不是这样推论的。一旦你知道这个人服了敌敌畏，形象空间出现信息N_1，N_1马上通过一个变换L映射到概念空间n_1，n_1代表一个人服了敌敌畏这样一个抽象概念，没有任何形象，n_1根据逻辑关系f推出n_2，n_2表示一个人要死了。然而n_2再经过L_1（逆变换）映射到N_2，即这个人要死了。死这一状态也是形象的，喝敌敌畏这一状态也是形象的，但中间的推导过程并不是形象的。这就是人在思维过程中运用共轭控制LfL_1表示F的过程。人每天都在千百次地运用这一思维过程，它有一个很大的特点——既有形象，也有概念。

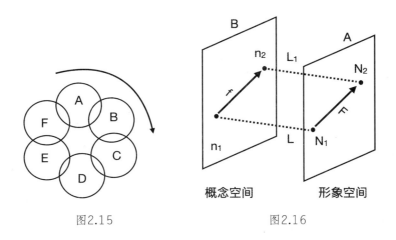

图2.15　　　　　　　　　　　　图2.16

我们初步讨论了思维过程中一些比较简单的形式，如记忆、逻辑思维、自由联想等。思维中有一些更高级的信息运动形式，如创造性和自我意识等，还有待大家去进一步研究探索。

2.8　信息和组织

人们常说，信息这一概念与一个系统的组织程度有关，为什么呢？在回答这一问题前，首先我们来问一个问题：什么是组织？组织是怎样形成的？

生物体有自己的组织，社会集团和银河系也有自己的组织。人们早已熟悉且不断运用组织这一概念，并且不断运用着。但组织究竟是什么，并不是每个人都说得清。组织产生的过程实际上是一个系统从无联系的状态，排除了许多别的可能联系方式，只取某一种或几种联系方式的过程。比如很多小的氨基酸分子形成某一有固定结构的蛋白质，我们说分子组织起来，这无非说，原来很多氨基酸分子之间的关系与位置是任意的，要形成一个大分子蛋白质，这些氨基酸必须排列在一些固定的位置上，不能再取任何别的位置，如果位置发生新的变动，就会引起蛋白质的解体。把混乱的人群排成队，也是一种组织过程，这个过程的意义无非原来每个人都可以处在空间的任意点，而一旦排起了队，可取位置的可能性空间就比原来大幅度缩小了。一个组织的确定意味着只能发生这种或那种联系，而不能任意发生别种联系。因此，所谓组织过程是事物之间联系的可能性空间从大变小的过程。或者说是从混乱无序发展到有秩序发展的过程，是一个建立联系的过程。

　　我们可以把组织过程用可能性空间形象地表示出来。以3个人排队为例。如果A、B、C 3个人在操场上自顾自地走来走去，我们就说由这3个人组成的人群是混乱的、没有组织的。我们用坐标轴S_A表示A在操场上各点的位置，用S_B和S_C表示B和C的位置，由S_A、S_B和S_C 3根轴组成一个三维可能性空间。3个人的每一种位置组合都可以表示为这个空间的一个点。在没有组织的情况下，这群人的位置的组合状态可以是这个空间中的任意一点（图2.17M_1）。如果有人下达了一个命令，规定"A、B、C 3个人的位置必须呈一个正三角形"，那么三人的行动就受到一定程度的约束，不过这种约束比较松散，第一个人和第二个人仍然可以自由地走来走去，只是第三个人必须按前两个人的位置确定自己的行动。学过解析几何的读者知道，这3个人的位置组合状态在三维可能性空间中只能取一个平面上的点（图2.17M_2）。如果这三个人又接到一个命令，规定"A、B、C所呈的正三角形必须以操场中间的旗杆为中心"。他们的行动就受到进一步约束。不过第一个人还可以自由地走动，第二个人和第三个人都必须按第一个人的位置确定自己的行动。这时他们的位置组合状态限于可能性空间中一条直线上的点（图2.17M_3）。如果进一步规定在这个以旗杆为中心的正三角形中，"A必须位于旗杆的正北方5米，B、C必须分别位于旗杆的西南方和东南方"。那么，这3个人就受到一种最强的约束，他们都不能自由行动，在可能性空间中的状态只能取唯一的一个点（图2.17M_4）。

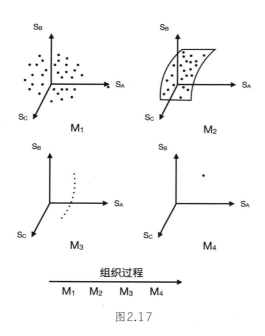

图2.17

图2.17中由M_1到M_4的过程就是一个组织过程，A、B、C 3个人受到越来越强的约束，在这个过程中，他们位置的不确定性逐步减少，最后形成一个有高度组织性的系统。如果S_A、S_B和S_C不代表3个人的位置，而代表不同原子的位置，那么对这个可能性空间的约束就可能表现的是一个分子的组织过程。

那么组织和信息有什么关系呢？我们马上会想到，控制、信息和组织都可以表述为可能性空间的缩小。差别在于，可能性空间的状态不同。在组织中可能性空间的状态不是一般的可辨状态，而是代表事物相互联系的方式，一个状态代表一种联系方式。因此，组织起来的过程实际上是事物间建立某些确定的联系，排除了其他联系的可能，从而也就排除了联系的混乱性和随机性。

　　实际上，组织过程与获得信息是密不可分的。控制论指出，一个系统必须获得一定量的信息才能组织起来。在上面操场上排队的那个例子中，A、B、C 3个人之所以能一步步组织起来，是因为他们接到了命令，命令就是信息。生物体之所以能组织成一个协调的整体，是因为生物体内各个细胞、器官之间能够通过神经、体液、经络以及其他各种通道互相传递信息，也能够与环境互相传递信息。现代社会的组织程度是古代社会无法相比的，通信及其他信息传递技术的发展在组织社会中起了很大作用。可以设想，今天如果没有电报、电话、电视、报纸、广播、火车和其他传递信息的工具，整个社会就会迅速地解体。因此，在控制论中，一个系统组织程度的度量和信息量是一致的。

　　读者可能已经发现，我们在考虑组织的时候，实际上是碰到了一个更为广阔的领域。研究控制和信息的传递，我们是把一个复杂组织的各个部分互相孤立起来并考虑局部的时候得出的基本概念。其实，就拿信息的传递来说，除了极其个别的场合，没有一个东西单纯是信息源、通道或者接收者。事物在信息的交流中结合成一个整体。人类社会中每一个人都是信息源，又是信息的接收者，同时还是一个社会信息通道组成的要素。我们必须把一个事物的整个控制、反馈和信息传递过程综合起来考察。不仅要考虑单向传递，而且要考虑相互影响及其综合效果。这就是系统理论。如果把控制和信息概念作为大厦的基本砖块，那么系统理论就是研究这些砖块如何构成大厦的。

第三章　系统及其演化

帝曰：五运之始，如环无端，其太过不及
何如？

——《黄帝内经·素问》

也许，当中国古代哲学家和科学家提出五行运行的相生相克学说的时候，并没有意识到他们是在研究系统理论，更没有意识到几千年以后这种理论会变得如此重要。今天，人们运用系统理论来分析社会结构，处理大工业生产，规划国民经济，研究神经生理学，几乎没有一种复杂事物的研究不在系统理论的对象之内。

自然界存在许许多多种系统，固然每一种系统都有其特殊性，但从方法论角度来看，系统方法有没有共同点呢？

人们常说，系统研究方法的特点是，从整体上来考察一个过程，尽可能全面地把握影响事物变化的因素，注重研究事物之间的相互联系以及事物发展变化总的趋势。这是对的。而要研究整体，又必须分析整体内的各个组成部分，尤其是分析各部分之间的因果关系。系统理论首先是从剖析因果关系开始的，并且有自己十分独特的思路。

3.1 系统研究方法中的因果联系

所谓因果联系，大家都比较熟悉。人们遇到一种现象，总习惯于考察它发生的原因是什么，以及它所要引起的结果。例如，水结冰，温度下降是水结冰的原因；物质的组成和结构不同是物质具有不同性质的原因；导线周围有磁场是导线中有电流的结果；等等。

这种研究方法是有效的，特别是在剖析事物某一具体的局部联系的时候，它是整体研究的基础。但当我们了解了局部关系后，企图来把握整体，特别是碰到自然界错综复杂的大系统时，这种方法就无效了。在研究大系统时，人们不得不与许多新的、有趣的因果联系形式打交道，我们在这里研究其中的几种。

（1）因果长链

这在科学研究中是时常会遇到的。人们不但要知道某一现象发生的原因，而且往往还要知道原因的原因是什么。如果有可能的话，还要一直追溯下去，直到发掘出一长串的因果链来。

早在2000多年前，中国大哲学家庄子就对这种因果长链进行了研究，记载在《庄子·山木》里。一天，庄子到雕陵栗园去游玩，看见一只怪鸟，他紧跟过去，架起弹弓准备打鸟。这时一只蝉正躲在枝叶中叫，没想到已被螳螂发现了，螳螂伸出长臂抓住了蝉，正要咬，却又被那只怪鸟发现了，怪鸟一啄，就把螳螂连同蝉一道吞掉。庄子把弹弓丢在地下，十分感叹地走出园去，园丁见了，以为他是偷栗子的，

狠狠骂了他一顿。庄子通过这个有趣而寓意深刻的故事说明
世界上事物之间的关系是复杂的，事物的原因后面还有原因
的原因，一环扣一环。如果考察下去，可以追溯得很远。如
果只看到眼前局部的环节，就要犯错误。螳螂只看到蝉，没
顾到背后的鸟，所以被吃掉了。鸟只看到螳螂和蝉，差一点
被庄子的弹弓打中，园丁只看到庄子进了园子，就以为他是
偷栗子的。实际上，整个过程中各个环节的因果联系应该是
一条长链（图3.1）。园丁的行为离开了蝉是难以解释的。要
了解园丁当时的行为，必须把蝉、螳螂、鸟、庄子和园丁作
为一个系统来研究。

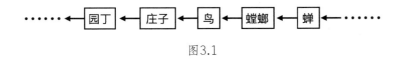

图3.1

这种研究因果长链的方法在现代科学中占有重要的地
位。追溯原因的原因以及结果的结果，使许多学科的研究工
作超越了自己经典的领域。人们经常发现构成本学科疑点的
课题，其解决方法在过去被认为毫不相干的科学领域内。这
就促进了近几十年来边缘科学及新的学科分支的问世。这种
研究因果长链的方法也促成了科学史上另一个有趣的现象，
就是人们对自然界一些终极问题越来越感兴趣，这些终极问
题引发了著名的三大起源问题。人们发现，许多学科的疑点
如果按原因的原因或结果的结果追溯下去，都会不约而同地
涉及天体起源、生命起源、人类起源这样一些根本问题。

那么，是不是一切化学问题和生物学问题都必须归结为基本粒子或夸克的发现，是不是一切有关人类的意识和社会问题，都要等到弄清人类起源甚至生命起源的问题之后才能解决呢？追溯因果长链有助于我们从整体上来把握一个事物，但如果无限地追溯下去，会有一个终结吗？不会的。任何一个科学家如果被一条无限的因果长链缠住，他就无法脱身。因果长链的无限性使人们再一次提出了所谓终极原因问题，只不过把终点放到了一个无穷远的地方。如果把目前科学所遇到的一切问题都归结为那个无穷远的原因，实际上也就把科学放逐到一个不可知的世界中去了。因此，研究因果长链又必须有一个适当的限度。

这样就出现了一个方法论的难题。一方面为了考虑整体性，人们不得不考虑越来越多的因素，不得不把越来越长的链包含到研究的对象中。另一方面，自然界的因果长链没有终点，科学必须为自己规定适当的限度。那么，当我们研究一个具体问题时，追溯到哪一个因果环节可以认为是适当的呢？

这正是系统理论所研究的基本问题。对它的研究促成了"系统"这个概念本身的提出。为了对此有所了解，我们还必须更深入地研究系统方法，探讨其他几种因果联系。

（2）概率因果

经典的因果论认为：任何原因都必然引起一定的结果。如果考虑到偶然性和不确定性，这种说法就有欠妥之处。问题在于，原因和结果之间的联系，常常不能由"必然"和"一定"来归结。事实上，自然界许多事物之间的联系具有随机性，原因A不一定会引起结果B，结果B也不一定由原因A引起。我们可以借用数学上描述不确定性的术语"概率"，把这类因果称为概率因果，它也是现代科学中常见的因果联系方式。

我们假设上面那个庄子游雕陵栗园是公元前300年发生的一个真实事件：螳螂捕蝉，鸟啄螳螂，庄子打鸟，园丁骂庄子。如果反过来问：是不是栗园里只要有了一只蝉，就一定会惹起园丁破口大骂，或者只要园丁破口大骂，就一定是某只蝉的缘故呢？显然不是。我们假设栗园中蝉被螳螂捕获的概率平均为百分之一，螳螂被鸟啄的概率也为百分之一，余者类推，那么整个事件发生的概率实际上只有10^{-8}。也就是说，园丁和蝉之间的因果联系实际上是非常微弱的，从数学上来说完全可以忽略不计。

这对我们有什么启发呢？不难看出，当我们按长链径直追溯原因的原因的原因的时候，虽然可以把问题联系到很远，但那些遥远的原因往往只是一些实际上不起作用的原因，并不是什么"终极原因"，更不是"根本原因"。实际上，科学家在处理这一类问题时，当事件之间的概率因果关系小到一定程度，就可以认为事件之间是无关的了。

（3）互为因果和自为因果

如果我们去考察宏观的气象现象，比如为什么南极会有冰山。固然，太阳辐射较少是寒冷的原因，但南极的冰山反射掉大量阳光本身也是造成寒冷的原因。虽然冰山是冷的结果，但这一结果反过来又会影响原因。当我们把某一个复杂系统作为一个整体来考虑，特别是沿着因果长链追溯时，这种互为因果的现象是必然的。在第一章讨论反馈时，我们已经分析过，互为因果的反馈作用使结果对自身的原因产生影响，所以也可以看作自为因果现象。例如我们分析经济结构时，发现缺电、缺煤是钢铁厂和机械厂生产不出钢铁和机械的原因，但再看煤矿又发现，采煤机械不足是煤产量上不去的原因之一，而采煤机械之所以不足，又和钢铁厂、机械厂开工不足有关。

互为因果或自为因果的关系使各种因素的相互作用形成一个环，环是一种无端的结构，如果要追溯终极原因的话，我们可以发现它的无限性就存在于系统的内部。在这样的系统中，事物发展的终极原因从根本上来说可以不必追溯到系统以外的因素，事物内部相互作用就决定了事物的发展变化。实际上，我们在研究因果长链时，总会发现因果链的闭合现象。不发生闭合的因果链在自然界几乎不存在。

（4）因果网络

科学中许多问题的复杂性还体现在众多变量之间的交叉作用上。在因果链中会出现一些结构复杂的交点。这些交点意味着，某一事件可能是许多原因共同作用的结果，而这一事件也可能引起或间接引起许多结果。由许多这种交点构成的复杂系统中，变量之间纵横交错的关系，会使整个系统的因果链像一张大网一样张开来。人们在研究生态学、国民经济、生物组织、大脑神经等复杂的特大系统时，就经常要跟这种因果网络打交道。就拿一块洋白菜地来说，与它有关的生物构成一个互为因果的生态网，实际上有约210个种群与它有关。即使如此，地下的生物及微生物都没有被纳入其中。[1]在之后的章

---

① 　［美］P. 亨德莱主编：《生物学与人类的未来》，上海生物化学所等
　　　译，科学出版社1977年版，第330页。

节里我们将研究另外一些因果网络，不过从这个例子中我们已经可以看出问题的复杂性；要考察任何两种生物之间的关系可不是一件容易的事。实际上人们研究的系统都是复杂的因果网络，系统任何一处发生的变化，都会波及整个网络。

3.2 相对孤立系统

根据以上对几种特殊的因果关系的分析，我们就可以理解为什么系统理论在处理现代科学种种复杂问题时，一方面不厌其烦地考虑到与所发生问题密切相关的一大批变量，详尽周到地研究这些变量之间的相互作用和变化趋势；另一方面又把那些关系不大的变量眼睁睁地忽略掉，或者至少是暂时地忽略掉。

这种方法就是系统理论中经常采用的建立"相对孤立体系"的方法。系统理论中的"系统"，一般就是指相对孤立体系。什么是相对孤立体系，它是怎样划分的呢？首先，我们沿着因果长链追溯时，忽略那些影响概率足够小的因素，把它看作系统所受的干扰和系统之外的。其次，一个相对孤立体系尽可能是自相闭合的互为因果网络。再次，根据我们研究的目的和系统变化的时间尺度，抓住主要的互为因果变量，构造出系统模型。

下面我们举一个例子。

假定在一个生态环境中存在鹿、森林、狮子、狼、气候、土壤等因素。显然，这里面有许多互为因果的关系。其中影响鹿的数量的因素很多，有作为捕食者的狮子和狼的数量，森林供给鹿的食物数量等。鹿的数量本身又对森林的茂密程度以及狼、狮子的数量等产生影响。它们三者形成了一个闭合的互为因果网络。在研究这个整体时，我们发现，如果研究的时间跨度不太长，那么我们可以把鹿群、森林、捕食者（狮子和狼）作为一个系统来研究，即主要的互为因果过程发生在它们三者之间。当然，土壤、气候对它们都会有影响，严格说来这种影响也是互为因果的。因为土壤的肥力和气候影响森林的状态，而森林可以影响土壤肥力，也可以影响气候。但当我们只考虑短期作用时，土壤和气候的影响相对比较稳定，较少变化，我们可以把鹿、森林、捕食者这三者看作一个系统来研究（图3.2）。而土壤和气候对它们的影响暂时忽略不计，或者当作不变的条件来考察。必须注意，这种对系统的划分是相对的，是根据我们研究的对象、要求来决定的。如果我们研究时间跨度大的生态变化，如几十年、几百年，那么这个生态系统与土壤、气候的相互影响就是不能忽略的，这时互为因果是一个包括土壤、气候在内的更大的系统。

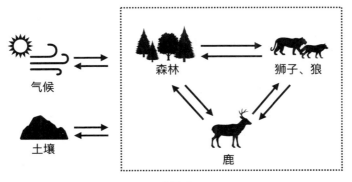

图3.2

由此可见，系统理论在定义一个系统时，对于系统内究竟应当包含哪些变量是根据客观情况和主观目的来决定的。严格地讲，系统并不是指一个客观存在的实体，而是人们的一种规定。人们把一组相互耦合并且相关程度较强的变量规定为一个系统。这种规定一方面考虑到各种变量之间的因果联系形式，尤其是那些互为因果的联系形式。另一方面也考虑到各变量之间因果联系的紧密程度，即相关性。当某些变量与我们所要考察的那些变数的相关性小到一定程度，就不再把它们作为系统的组成部分。实际上，我们采用规定系统的方法，也就是对客观事物之间错综复杂关系的一种科学抽象。通过对一个系统的规定，把一些无限的问题变换成了有限的问题来考察。当然，这种有限是相对的，因此系统又被称为"相对孤立系统"。

将系统规定好后，怎么来研究呢？我们知道，传统的对复杂事物的研究办法是：当影响事物因素很多时，常常固定其他因素，分别考察一个个因素变化对事物的影响，然后再综合研究。比如影响催化剂效率的因素有温度、压力、湿度等，常用的方法是，固定其他因素，去研究温度和催化剂效率的关系，再固定别的变量，研究压力等。但系统中的各部分互为因果，因此，上述传统的研究办法就不灵了。著名的凯巴伯森林的鹿就是一个例子。1906年，在美国西部落基山脉的凯巴伯森林中约有4000头野鹿，这里也有不少狼、狮子等鹿的捕食者。起先人们用固定其他因素不变的办法来研究这个系统，显然，为了增加鹿的数量，人们就得大量捕捉猛兽。到1924年，狼和狮子等猛兽基本被捕捉殆尽，鹿的数量一下子增加到10万头。但同时，当地的森林几乎被大量繁殖的鹿吃光，结果森林被破坏，鹿很快成群饿死。最后，鹿的数量大大减少，甚至比原来还少。为什么会出现这种错误？因为人们忘了系统中存在互为因果的作用。固然，狼和狮子等猛兽的存在是鹿数量减少的原因，但森林能供给的食物是保证鹿的数量的另一个条件。鹿本身的大量繁殖却有可能破坏它本来得以存在的条件。

因此，在系统的研究中，传统的研究局部单向因果关系的一些方法暴露出很大的弱点。我们必须从整体的角度来处理系统内互相关联的各个部分。这方面，人们不得不更多地借用数学工具来研究问题。可惜，当19世纪末奥地利著名的物理学家兼哲学家马赫（Ernst Mach）提出用数学函数概念代替因果概念来研究现象的相互依存关系时，他的观点并没有引起足够的重视。固然，企图用函数概念来代替并否定因果性，是马赫哲学的一个缺陷。但马赫的观点也包含了批判形而上学因果论中不完整性、不精确性和片面性的合理内核。现代系统理论并不否定因果性，相反，它非常重视对各种复杂因果联系的分析研究。同时，系统理论还充分认识到采用数学工具研究因果联系对避免形而上学的重要性。

3.3 系统的稳态结构

既然互为因果的系统是不能用单向因果决定论和寻找主要因素这种传统方法来研究的，那么怎么分析它呢？系统论控制论有着十分独到的思路。

我们先来举一个最简单的互为因果的反馈系统，即只有两个子系统互相作用（图3.3）。A可以假定为一种生物的数量，它的数量受另一种生物B的限制，限制条件用图3.3a函数关系来表示（即B数量决定A数量），而反过来B的存在也受到A数量的限制。限制条件用图3.3b函数关系表示。在这两个系统互相作用之中，A、B数量怎样变化呢？

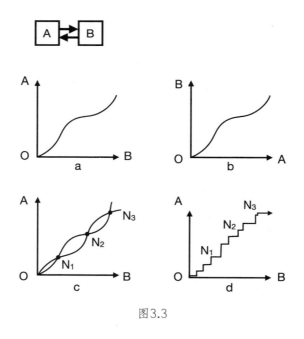

图3.3

我们先来看，当A、B各处于哪些量时，它们各自在相互作用中不被改变。显然，求不变的平衡态只要把两张图重叠起来，看两条曲线有哪些交点即可。假定两条曲线有3个交点：N_1、N_2、N_3。即当A、B两个子系统分别处于N_1、N_2、N_3

点时，系统的相互作用使A、B都处于不变状态。不过，N_1、N_2、N_3三个平衡态中只有N_2是真正稳定不变的。N_1状态和N_3状态虽然是平衡状态，但只要系统受到微小的干扰，就会发生变化。比如N_3点，当系统B值稍微有一点偏离，会使A、B都离开N_3点。如果B值比N_3点稍大，那么A、B的互相作用就会使A、B值不断增加。B值比N_3稍小，那么A、B的相互作用就会使A、B值都趋向N_2状态。同样，N_1状态随干扰不同可趋向O点，也可变到N_2状态。这种简单的分析告诉我们，这样一个高度简化的系统有几种可能性：①当A、B值处于N_1与N_3点之间时，系统最后都要变化到不变状态N_2去。②当在A、B值大于N_3时，系统的值是不断增加的。③当A、B值小于N_1点时，系统值要变到O点去。随A、B两个子系统作用方式不同，两条函数曲线可以没有交点，也可以有1个、2个、3个或多个交点，但系统变化都不外乎这3种可能性。

这3种可能性实际上揭示了互为因果系统变化规律的最基本特征。第一种表示系统处于一种稳态结构。第二种表示系统发生了振荡或崩溃。第三种表示系统从一种稳态结构向另一种稳态结构的演化。一个复杂系统包含的变量当然要比上面这个简化了的反馈系统多得多，但总的发展趋势基本还是这3种形式或这3种形式的交替出现。对于系统变化的后两种可能性我们在后面还要加以讨论，我们这里先来研究第一种可能性：稳态结构。

显然，当系统处于N_2状态时，有一个有趣的特点，这就是如果干扰使系统偏离这一状态，系统内的相互作用仍可以使它回到这一状态。这种状态称为稳态。在稳态结构中，系统的两个变量都保持不变。它告诉我们，一个互为因果的体系可以因自身的相互作用而处于一种不变的、稳定的状态，一般干扰都不会破坏这种状态。在研究系统时，这是一个十分重要的结论。自然界许多互为因果的系统由于系统各部分的相互作用而使各部分都处于一种稳定的平衡状态之中，我们将其称为稳态结构。整个系统处于稳态结构的条件是，系统的每一个子系统都处于稳定态。它们的互相作用保持着各自的稳定。生态系统各生物群由于互相抑制而保持各自数量稳定是最常见的例子。

就上一节所谈到的凯巴伯森林的生态系统，很明显，鹿、森林、猛兽组成一种稳态结构。离开这种稳态结构，系统不可能存在，想单独改变某一子系统的数量也不可能。实际上，我们在第一章所谈的负反馈调节是一种最简单的稳态结构。负反馈是系统趋向稳定的过程，正反馈是系统偏离旧稳态并向新稳态过渡的过程（我们在后面研究质变、量变时还要讨论）。人们常说，系统理论是从反馈开始的，这确实没错。正是反馈的发现，人们开始自觉地研究互为因果过程，把目的性与系统变化联系起来考察。以温度自动调节为例，如果是一个单向的因果关系，即室内温度取决于火炉和外界能源，那么，室内温度是否稳定不取决于自身，而取决于外界温度和能源放热的变化。如果有一个温度自动调节器，使火炉放出的热量是室内温度高低的原因，火炉放出热量的多少直接受室内温度的影响，即室内温度高低是火炉放热的原因。温度低，放热多；温度高，放热少，这就构成了互为因果，因此可以保持室内温度的稳定（图3.4）。

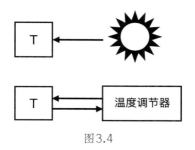

图3.4

　　对于复杂的互为因果系统，情况也是类似的。在生态学中有一种奇怪的岛屿均衡现象。生态学家发现，如果岛屿生态环境大致相近，那么离大陆最近的大岛屿上物种数量最多，而在远离大陆的小岛屿上物种数量最少，对于一定的岛屿，物种数量基本不变。为什么一定岛屿上的物种数量相对固定呢？从系统处于稳态结构的角度很容易理解。我们知道，物种在一个岛上的灭绝率和大陆的迁移率是物种数量的函数，据一些生态学家计算，函数关系如图3.5所示。岛上物种数越多，大陆上的物种越难迁入，但对于临近大陆和远离大陆的岛屿，迁入曲线是不一样的，临近大陆的岛屿要比远离大陆的岛屿迁入率高（实线所示）。同样，物种数越多，岛上的物种越容易灭绝，但大岛屿和小岛屿的灭绝曲线是不一样的，小岛屿比大岛屿灭绝率高（虚线所示）。两组曲线的交点表示系统物种的数量处于稳定平衡的状态。A表示远离大陆的小岛屿的稳定的物种数量，B表示邻近大陆的大岛屿稳定物种数量。也就是说，只要系统处于稳态平衡中，岛上的物种数量就不是随意的。如果太多，会绝灭；太少，大陆上新来的将进行补充。系统必然处于这种稳定的平衡态中，这与系统的状态一开始怎样无关。事实证明了这一结果。生态学家发现，在最后一次冰河期，有些岛屿是和大陆相连的，因此物种数量与大陆相同。但距今大约1万年前，冰河时代结束时，水从冰川中释放，使海平面升高而形成这些岛屿。结果岛上的原有物种减少，并达到这些岛屿上应该有的稳定数量。生物地理学家对不列颠岛、阿鲁群岛、特立尼达岛和日本的岛屿物种数量分析都证明了这一结论。

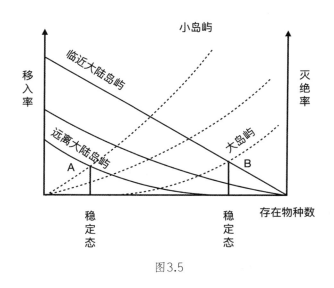

图3.5

实际上，如果不从整个系统互相作用的观点出发，很难理解为什么物种数量会保持某一稳态。在这里没有一个原因是终极原因。

3.4　稳态结构和预言

利用稳态结构我们可以预见那些看起来极为复杂的系统的发展变化趋势。复杂系统的可能结构很多，并且发展方向像树枝一样纵横交错。如果我们能判断系统未来可能结构中哪些稳定，哪些不稳定，我们就可以期望那些稳定的结构将是事物最可能趋向的目标。这对需要做出预言的科学家尤为重要。地质学家就是运用"稳态结构"这一概念来找石油的。石油的生成要有一定的古地理条件，如适当的气候、周围有大量生物繁殖、陆上经常输入大量泥沙等。但仅有石油生成的条件是不够的，因为生成的石油往往是分散的，只有这些分散的石油集中起来，才能形成油田。在漫长的地质年代中，地壳结构在变化，石油也在不断地流动。目前为止，地质学家还无法确定生成石油的地质系统的具体演化过程，但其可以用稳定结构来预见系统最终的状态。比如说，油田要满足一个重要的条件——储油条件，即形成一个空间，油可以从四面八方聚集到这里，并且一旦进入了这一地区，就流不到别的地方去了。显然，所谓储油条件就是说，油田对石油流动来说是一个稳态结构。石油不断富集的过程就是石油流向稳定区的过程。地质学家指出了维持这一稳态结构的条件，比如它必须是一个广阔的低洼地区，它在慢慢下降，周围的地势在逐渐上升等。

尽管天上的月亮或圆或缺，但我们从地球上始终只能看到它固定的半面。多少年来，人们对它背面的景观猜测纷纭，在宇宙飞行时代之前，人们始终未能看到一眼。我们知道，这是因为月球的自转速度与它绕地球公转速度一致。那么，为什么月亮自转速度恰恰会和它绕地球公转速度相一致呢？这是巧合吗？以后月球的自转速度会不会快一点或者慢一点，使它的背面能够转过来朝向地球呢？原来，由于月球与地球之间存在着潮汐摩擦，无论月球原来的自转速度比它的公转速度快还是慢，最后总会趋向一致，也就是说，月球永远把固定的一面朝向地球是一种稳态结构，不大会发生改变。根据同样的道理，人们预言地球的自转速度也将逐渐减缓，最终将与月球的公转速度一致。1754年康德写了《地球绕轴自转问题研究》一文，他认为，只有当地球表面和月球表面处于相对静止状态的时候，潮汐摩擦才会终结。那时候只有半个地球上的人才能看到月光，另外半个地球上的人想看一眼月亮，得漂洋过海跑到地球的另一端去。

利用稳态结构研究事物变化趋势的方法，使我们可以省略考虑许多中间步骤，尤其是在只需要知道最后结果的时候。

碳氢化合物可能发生哪些化学反应，可能分解或化合为哪些中间产物？这是一个非常复杂的问题。但稍有一点化学知识的人都知道，碳氢化合物在燃烧以后，最后必定形成水和二氧化碳。因为在高温和氧充分的条件下，只有水和二氧化碳这两种产物才是稳定的。一群蜜蜂在田野里飞着，假设要对它们2小时后的位置进行估计。如果我们把蜜蜂飞行的路线及到达空间各点的时间都一一记下来，像研究行星轨道一样来研究它，这也许是一件十分艰巨的工作。谁知道每一只蜜蜂下一时刻会飞到空间中的哪一点呢？不过我们只要看一看附近田野里哪儿有较丰盛的花草，并估计一下2小时内蜜蜂所能飞行的距离，断言蜜蜂会出现在那些花草多的地方，总是不会错的。因为，蜜蜂停在花上，这对于系统的各种可能状态（结构）来说是一种稳态结构。

用稳态结构来预测事物发展方向时，必须注意，要把可能结构中的一切稳定态都找出来，进行分析比较，看哪一个更稳定些。古时候洪水泛滥，大禹的父亲鲧用"堙"法治水，治了9年不见效，结果被舜处死了。大禹改用"导"法，经过长期努力终于征服了洪水。为什么"导"法比"堙"法好呢？"堙"就是填塞，鲧企图用筑堤堆土的方法堵住洪水的去路。从暂时的、局部的范围来看，洪水稍微稳定了一些，这种方法可能有点用处。但从整体来看，洪水仍处于高水位，这里不泛滥了，必然要在别处泛滥，整个系统依然是极不稳定的。大禹采用"导"法疏通河川，让洪水东流归海。"归海"是洪水最稳定的状态，大禹总结了他父亲的经验教训，选择这个最稳定的状态作为治水的目标，因而取得了成功。

系统总是自动趋于稳态结构，这是不是总是好的、有用的呢？不见得。有时候，系统的稳态结构会给我们带来很大的麻烦。如果仪表的指针在某一位置或角度上是稳定的，比如总是不动或者总往某个刻度偏，这可是很糟糕的事。我们会说，这种仪表太不灵敏了。系统对外界反应的灵敏性与稳态结构常常会发生矛盾。

很久以来人们对一种名叫北鳟的鱼一直感到困惑。北鳟平时生活在海里，它的身体是流线型的。交尾时沿着江河逆流而上，但不知为什么，这期间它的体型发生了很大的变化，一到江河口，它的脊背上就长出了一个又高又扁的大包。后来人们发现，北鳟的这种变化是为了提升它在江河中运动的灵敏性。在海里，北鳟的体型适于稳定的高速运动，但江河地势复杂，这种稳定性就不利于其活动了。运动速度总是很快，就会难以灵活自如地控制转弯。为了适应环境，北鳟就改变了体型，使得身体重心尽可能靠近动压力作用点。这样，运动的稳定性差了，但灵敏度提高了。了解系统变化中的稳态结构，就是为了我们在控制系统时更好地利用它、改造它，促使事物向有利的方向发展。

如果自然的稳态结构不利于我们达到所需要的目的，我们就必须实行控制，改变系统，选择适当的条件，破坏自然的稳态结构，建立对我们有利的稳态结构。古时候有两个人，他们不大会种田，田里杂草长得很茂盛。其中一人想了一个办法，用一把火将田里的草和稻子都烧得干干净净。结果稻子倒没长，杂草又很快茂盛起来。另一人采用了另一个办法，他放任草和稻子一起生长，结果稻子不但没长好，反而退化了，稻子变成稗子。长杂草，这是农田的稳态结构。只有实行控制，比如经常除草等，才能使不长杂草成为新的稳态结构。

3.5　均匀和稳定

有一种现象与系统的稳态结构有着密切的关系，这就是均匀性。

什么是"均匀"？直观上讲，一杯糖水是均匀的，无非指它的各点浓度一致。这是对的，但不深刻。说得更精确一些，所谓某一系统在空间上是均匀的，是指任一变换物体空间的各个位置之后，系统不变。也就是说，属于"均匀"的那种性质是系统空间位置交换中的不变量。我们用筷子搅拌一下糖水，使糖水发生对流，如果糖水是均匀的，那么在进行这一变换后，糖水各点浓度的分布和原来一样。如果糖水浓度分布不均匀，搅拌（对糖水的各个部分进行变换）后得到的新的浓度分布就和原来不一样了。既然如此，我们马上就可以想到，为什么均匀和稳定之间常有着紧密的联系。稳定性是指系统在干扰作用下不变的性质，如果干扰刚好是对系统空间位置的无序变动，那么它显然不会改变系统中那种被称为均匀的性质，这种性质就是稳定的。

均匀和稳定的这种联系也可以使我们解释为什么自然界许多系统会自动地趋向均匀。往一杯水里滴一滴红墨水，开始墨水局限在一个小区域内，它的红色和水的无色形成鲜明的对照，整个系统是不均匀的。但这种状态不能持续下去，因为它不稳定。随着墨水的扩散作用，系统自动趋向稳定，逐渐成为淡红色的、均匀的液体。这种状态是稳态，能长期地维持下去。我们把电池的正负极连接起来，就会产生电流，这个电流使正负极的电位互相接近，最后电位差为0。一个物体和环境交换热量，它的温度最后会和环境温度一致。这都是系统自动趋向均匀的例子。

人们常常利用均匀性来控制和选择某些系统的稳态结构。我们知道，金属的晶体组成并不都一样，有些地方的晶体缺少电子，会发生变形，这种情况被称为"空穴"。空穴常发生在金属结构中比较脆弱的地方，金属在受力情况下，一般在空穴多的地方容易断裂。那么怎样增加金属的强度呢？一个办法是消灭空穴。但这很困难，空穴出现的机会太多了。我们可以利用均匀和稳定的相互关系来解决这一问题。实际上，我们并不需要消灭空穴，只要使空穴在整块金属中分布均匀，金属的强度就可以大大提高。因为在外力（干扰）引起晶体位置变化时，空穴如不均匀，那么将引起空穴的重新分布，应力可能在空穴周围积累起来，金属容易断裂。如果空穴分布均匀，那金属在受到外力作用时，空穴和空穴之间互相牵制，重新使应力分布变得均匀，金属就不易断裂。因此，用X射线轰击金属，使空穴均匀，是增加金属强度的有效途径。

热力学第二定律对这种均匀引起稳定的现象进行了理论上的概括。这个定律认为，不管一个孤立系统的内部如何变化，它的熵总要趋向极大。熵趋向极大就是变成一种内部均匀的、无序的、混乱的情况。这种状态是系统自然趋向的最稳定结构。

但是，事情并不这么简单。如果把热力学第二定律推广开来，我们这个宇宙早就应当变成一团温度均匀、密度一致的物质了。而现实的宇宙却并非如此，在我们这个世界上，找不到一小块内部绝对均匀、绝对无序的物质。恰恰相反，有许多系统一旦内部趋向混乱、无序，它们就不能稳定地存在下去。

最明显的是生物界，这是一个大不均匀的世界。几乎无须举例，就可以证明任何稳定的生命体都具有不均匀的结构。生物体只有死亡之后，才真正开始被环境同化，变得与环境均匀一致。一部生物进化史，就是生物从原始的、比较均匀的无序结构发展为高级的、比较不均匀的有序结构的历史。原始细胞有了细胞膜，使自身和海水保持在不均匀的状态。真核细胞更进一步，在细胞内分化出细胞核和各种细胞器。为什么植物要由根、茎、叶、花、果组成？为什么动物要分化出各种系统、器官？无非这种不均匀性有利于生命的稳定。任何一棵由花均匀地构成的草和任何一只由胃均匀地构成的狗都是不可思议的。奥地利物理学家薛定谔（Erwin Schrödinger）最早注意到生命体的这种特点，它似乎与热力学第二定律描述的体系的熵趋于极大的原则不同，它使生命物质能避免趋向与环境平衡的衰退。薛定谔认为，生命体之所以能免于趋近最大值熵的死亡状态，就是因为生命体能通过吃、喝、呼吸等新陈代谢的过程，从环境里不断汲取负熵。他认为，有机体就是以负熵为生的。新陈代谢的本质，乃是使有机体成功地消除了其自身运转中不得不产生的全部的熵。

生命体只有通过一种有序化的过程才能维持自身的稳定。类似的现象具有普遍性。例如社会组织，整个人类文明史都证明，稳定的社会需要一种有序的结构。一个国家，一支军队，一个企业，它们能否在社会上稳定地存在、发展，能否繁荣昌盛，能否具有战斗力和竞争力，主要取决于它们内部的组织程度。我们常常用"一盘散沙"来形容那些濒于灭亡的社会组织，就是因为那种无序的均匀体系是极不稳定的。

在无机世界中，我们也可以到处看到系统自动趋于有序结构的现象。星系、分子、原子、原子核，都不是绝对均匀体，它们具有不同特点的结构。星云就是从密度极稀的星际弥漫物质中集结起来的，在这种集结过程中，又逐渐形成密度集中的恒星群。中国古代早有混沌创世说，其基本思想也认为目前的有序结构产生于原始的、无差异的、均匀的物质。

获得诺贝尔奖的比利时物理化学家伊利亚·普里戈金（Ilya Prigogine）创立了耗散结构的热力学。他认为一个与外界有能量和物质交换的开放体系不能维持均匀稳定的结构，它们在与外界交换过程中会自动趋向有序的不均匀结构，以保证自身的稳定。一个封闭体系与外界隔绝，它们的无序状态是"死"的，其实在现实世界中很难找到。现实世界中大量存在的是与外界有密切交往的开放体系。它们是"活"的，能够通过新陈代谢存在下去。

系统的稳态结构与均匀的关系是现代科学正在密切注视的课题。

3.6　不稳定和周期性振荡

系统由于其子系统互相作用处于不稳定状态，也是常见的。这种不稳定状态可以分为两种基本情况，一种是慢慢趋向稳定结构，另一种是处于周期性的振荡之中。我们在这里谈谈周期性振荡。先看一个例子，北美有一种蚜虫寄宿在针枞等植物上，两者组成一个互为因果系统（图3.6）。

蚜虫　　　针枞

图3.6

　　该蚜虫可将针枞等球果类植物的芽吃掉，甚至还吃花与叶子。这两个子系统的相互作用可以成为稳定结构，如蚜虫数量保持一定，针枞的数量也保持一定。但在某些条件下，这一系统内的相互作用使它们各个子系统的数量都处于一种振荡状态。该蚜虫寿命可达5年之久，若其族群数量增多了，就会导致该地区针枞的叶子过多地掉落，当叶子落尽时，蚜虫食物减少，大量蚜虫会因缺乏食物而死亡。但蚜虫一少，枞树出芽时损失相对减少，枞树又多起来。这样两者交互地作用，蚜虫族群和枞树数都会发生振荡。图3.7表明一些生态系统处于周期性振荡的情况。

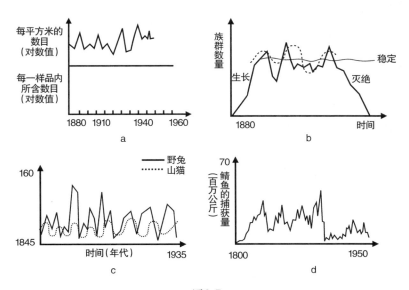

图3.7

不稳定或周期性振荡状态是作为系统稳定结构的一种补充而存在的。几乎所有的稳定系统，在一定条件下都可以转化为不稳定和振荡的状态。果树有大小年，气候会出现周期性冰期，这些都和系统的振荡有关。当振荡频率一定时，可以用这种振荡来建构计时系统。实际上，物种就是靠生命系统中这些周期性振荡来实现的。

什么条件下系统处于稳定结构，什么时候出现不稳定和振荡，这在系统研究中十分重要。在结构基本不变的条件下，系统的初始状态往往发挥很大作用。在前面第一个例子中，系统的初始值大于N_3点时，系统就进入不断增加的不稳定状态。小于N_1值时，就进入不断减少的不稳定状态。只有在N_1和N_3之间时才会稳定。对于我们后面将要讨论到的自繁殖系统，N_1和N_3就是两个临界值，N_3是自繁殖爆炸的临界值，N_1是灭绝的临界值。对于生态系统，系统的初始值是十分重要的。比如，过去地球历史上物种灭绝与更新的速度大体是稳定的，大约维持在每1万多年有400多种生物的灭绝，但一旦地球生物的数量降低到临界点之下，就开始不稳定了。近几十年来气候变化、污染和地表植被破坏，地球上脊椎动物的灭绝率已经超过正常地质时间段水平的100倍。以后，地球生态系统的条件即使不变，由于初始值，其数目也不能稳定。因此，2015年美国一份研究指出："我们正进入（地球生命）第六次大灭绝时期。"而距今最近的一次大灭绝事件发生在约6500万年前，当时统治地球表面2亿多年的恐龙和其他大量动植物可能因一次陨星撞击地球事件而灭绝。

当然，主要决定系统振荡的因素还是系统内各子系统的相互作用方式。我们前面已经讨论过正反馈耦合使系统偏离平衡的现象。子系统以正反馈这种方式相互作用，就会使系统不稳定。而负反馈则是使系统趋向稳定的作用方式。子系统之间的作用方式在控制论中用各种数学关系式来表示。人们通过精确的计算来确定一个系统是趋于稳定或不稳定，一般说来，那些相互作用过分强烈的子系统往往会发生振荡。根据这个道理，人们可以通过改变系统结构的办法来控制系统的稳定性。

通常，在一个反馈回路中加一个放大器，在一定条件下可以将原来趋向稳定的相互作用变得不稳定，而在反馈回路中加一个滤波器，则可以使原来不稳定的相互作用变得稳定（图3.8）。所谓放大器就是增大A对B的作用。比如人对自己说话的控制如图3.9a所示。这里有两个反馈回路。一个是大脑→口→大脑，即大脑神经通过感知嘴的动作来控制嘴说话。还有另一反馈回路，即大脑→口→声音→耳→大脑，大脑通过耳朵听到声音，反馈回来纠正自己发音的准确性。对于一般人，这一系统是稳定的，但对于口吃的人，这一系统是不稳定的，尤其第二条反馈回路的作用常常过分强烈。口吃的人听到自己的发音，不但不能帮助他控制自己去准确地发音，反而引起他的神经过分紧张。他对自己的声音太注意了，越口吃，心越慌；心越慌，越口吃，形成了恶性循环。怎样使这一系统由不稳定变得稳定呢？一般加一个滤波器就可以做到这一点，使其相互作用变为图3.9b。滤波器是这样工作的：当人一说话，一个发音器立即发出嗡嗡声，以减弱声音→耳→大脑之间的作用。这是纠正口吃的一种较有效的办法。

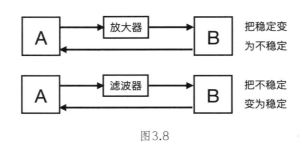

图3.8

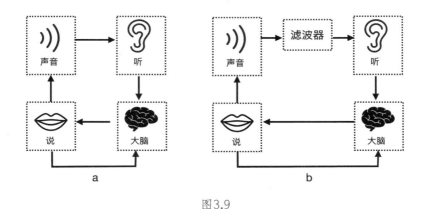

图3.9

　　有时干脆把某一影响完全切断（如果可能的话），也可使这一系统由不稳定变为稳定。比如我们用手端着一碗盛得很满的水，如果眼睛盯着它，小心地走着，反而容易晃出来。这是因为我们的脑→手→脑这一控制系统上又加上一个眼→脑的反馈回路，正是这一回路作用，使系统反而不稳定了。这时，只要眼睛不看水，这一条影响通道被切断了，系统就稳定了。同样，如果要使稳定变为不稳定，可加上新的影响（当然要看具体情况是否可能）。很多时候，改变结构和改变初始条件的方法是同时被采用的，比如在纠正口吃的例子中，系统不稳时，加上滤波器，改变了系统的结构，待系统在新结构中稳定后，把滤波器去掉，使结构恢复到原来的状态。这就是两种办法并用的例子。对于复杂系统，上述研究反馈过程中碰到的振荡和稳定转化的条件常常也是适用的。

3.7　超稳定系统

我们知道，当系统中各子系统之间相互作用方式和子系统本身不变时，一般整个系统保持在稳态结构之中。这种稳态结构有某种抗干扰能力，能保持一个时期不变。但是，实际上任一系统内部的子系统总在变，并且从长时期来看，其相互作用也在变，还要受到外界的影响。系统原先的稳态结构总会被破坏的。有没有一种特殊的系统可以抗拒这种变化趋势，而保持高度的稳定性呢？有的，这就是超稳定系统。超稳定系统有一个重要特点，就是靠不稳定来维持稳定。

为什么只有靠不稳定才能维持超稳定呢？因为系统本身的变化往往是一种不可抗拒的趋势。实际上要维持系统长期不变是做不到的，唯一的办法是当系统本身变化了，不稳定出现时，重新修复系统。比如一台使室内温度保持不变的温度控制器，这是一个一般的稳定结构。但时间长了，温度控制器的零件总会损坏，零件一坏，整个系统就坏了。我们可以把被破坏的系统看作一个新系统，对于这种系统，它可能产生新的稳定结构。因此，一般的系统由于本身的变化会演变为其他的稳定结构。但是，如果我们另外加上一个控制机制，比如，看到恒温器坏了，其在系统稳定性被破坏时，让维修工人给温度控制器换零件，使系统恢复。这样，系统一经破坏，不久又恢复到原来的稳定结构，这就是一个超稳定系统。为什么是超稳定，因为它比一般的稳定结构更多了一层，这一超稳定系统是通过对不稳定结构的修复来实现的。在刚才的例子中，修复者的存在，使人们觉得这种系统太平常，并没有专门研究的必要。实际上可以存在一类系统，当它不稳定时，修复机制的启动不由人来做，而由系统本身完成，这就很有趣了。自然界能保持长期不变的系统都是超稳定系统，它们都有这种修复机制存在。因此，超稳定系统有一种特殊的现象，那就是周期性地出现稳定—不稳定—稳定现象。不稳定时，新的机制会发生作用，使系统回到原有的稳定结构，而不是新的稳定结构。这种超稳定系统应用在社会科学中，能够非常生动地说明中国传统社会长期停滞的原因。中国传统社会有两个明显特点，一个是几千年来社会结构基本保持不变，另一个是几百年出现一次周期性的大动荡。这明显地表现出超稳定系统的特点，并暗示了中国传统社会停滞的原因在于，它是一个超稳定系统。

超稳定机制是一种重新寻找稳定的机制，直至找到原有的稳态结构，系统才回到不变状态。所以，有时人们也把超稳定系统称为自稳定系统。自稳定系统最早由著名控制论专家艾什比（W. Ross Ashby）提出。在《大脑设计》（*Design for a Brain*）一书中，他详细地描述了一种叫内稳定器的机制。这种机器被用来模拟那些结构复杂而又能自动保持稳定的系统。内稳定器有两个非常有趣的特点。第一，如果某一子系统稳态结构的偏移不大，这时其他子系统与它的相互反馈作用，可以帮助它回到原来的稳态。但一旦这个偏移大到在短时间内，其他子系统的相互作用不能使它回到稳态，那么由于它的影响，别的一个或几个子系统也可能偏离稳态。第二，如果系统只有一个稳态，那么无论系统开始处于什么状态，由于子系统之间的相互作用，系统最终总会达到这个稳态。只要系统处于非稳定态，机器就会不断运转，好像在寻找稳态。

　　在自然界中，最妙的内稳定器或许就是人体本身。内稳定器的一些重要性质在人体内是广泛存在的。在各种关于人体的生理病理模型中，中医的"藏象学说"独树一帜。在某种意义上说，藏象学说正是人体内稳定器的一个简化模型。藏象学说把人体结构分为5个主要的子系统：心脏、脾脏、肺脏、肾脏、肝脏。每个脏腑与其余4个脏腑都会产生反馈作用（图3.10）。这个模型反映了人体各部分生理功能的相互滋养、生化和相互约束、克制作用，也反映了病理状态下疾病的转变方式，以及机体各部分抗病功能的协调方式。

图3.10

藏象学说中稳定的观念是基本。各子系统的变量之间，由各种正反馈回路和负反馈回路交织成复杂的调节关系，使人体的各种生命运动、各种功能维持在稳定状态。在一般情况下，这种稳定的维持是强有力的。如果机体受到接连不断的内外因素干扰，一些子系统的变化可能超出某个阈值，我们就说人得病了，这时人体的功能处于一种不稳定状态。一般情况下，人体具有极强的恢复功能，借助各子系统之间的调节作用，整个系统仍然会回到原来的健康状态。只有当致病作用十分强烈，而人体的抵抗能力不足时，才会形成病态的稳态。这时可能要借助一定的外部输入，使系统脱离病态，回到正常状态。脏腑模型提供了各种正气的协调方式，也提供了各种致病干扰的传递方式，因此根据这个模型还可以有效地指导对许多疾病的调节和控制。

中医提出的脏腑模型与内稳定器极其类似，这绝非偶然巧合。这是中医学在长期实践中把握了人体各部分相互调节趋于稳定特性的结果。在控制论产生之前的2000多年，中国人就开始运用这样一个内稳定器模型来调节人体，这是非常了不起的。

3.8　系统的演化

系统旧有的稳定性被破坏后，在新的作用方式下，一般又有新的稳定结构。当系统没有变为这种新的稳定结构时，它将处于不稳定状态之中，它的各个子系统都在变。但只要它一进入新结构所规定的范围之内，新的稳定性就会形成。

我们先分析一个由老鼠、蛇、三叶草和土蜂组成的生态系统。假定一开始，这个生态系统处于"老鼠多、土蜂少、三叶草少、蛇少"这样一个状态（图3.11a）。老鼠多，大量的土蜂窝被破坏，导致土蜂少的状态。土蜂少不能传播三叶草花粉，导致三叶草少的状态。三叶草少使蛇得不到生息的环境，导致蛇少的状态。蛇是老鼠的天敌，蛇少对老鼠不会构成威胁。显然，由于各子系统的相互作用，结构a是稳定的。各个子系统如果偏离了原来的状态，都会被子系统之间的这种相互作用拉回来。但如果有大量的猫被引入这个系统，猫吃老鼠，系统的稳定结构就会被破坏。老鼠数量的变化造成整个系统发生一连串的变化。老鼠变少则被破坏的土蜂窝变少，土蜂变多使三叶草和蛇增多，而蛇变多又使老鼠数量更加减少。这样，整个系统都处于不断变化中，最后变到新的结构：老鼠少，土蜂多，三叶草多，蛇多（图3.11b）。新结构也是一种稳定结构。为什么是一种稳定结构呢？因为即使在新结构中猫变少了，老鼠也不见得能增加。因为蛇很多，蛇会大量捕食老鼠，使老鼠数量受到抑制。从这个例子中，我们可以看到，尽管系统中各子系统的相互影响很复杂，系统在不稳定时，具体变化的方式也很复杂，可能通过非常曲折的途径，但稳定结构之间可以转化，这种转化可以从系统中各子系统的相互作用方式来分析。这一结论对研究复杂系统的变化很有意义。因为对于复杂系统，虽然其中不稳定结构的变化过程非常复杂，一时难以预测，但有哪些稳定结构是可以把握的。这就为研究复杂系统的变化提供了便利。

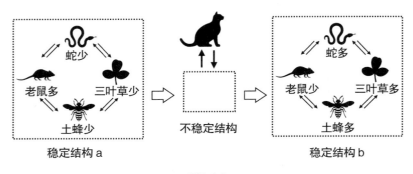

稳定结构 a　　　不稳定结构　　　稳定结构 b

图3.11

在200多万年前开始的更新世，北美洲和南美洲的巴拿马地峡形成之前，南美洲与北美洲是两个孤立的大系统。从宏观上看它们各自哺乳动物数目处于稳定状态。巴拿马地峡形成后，两个系统相互影响，物种在两个大陆中迁移。这时两个系统原先物种的稳定结构打破了。固然，迁移过程中物种的变化是十分复杂的，但最后两个系统都进入新的稳定状态，哺乳动物的物种数量又重新稳定下来（图3.12）。一个生态系统本身可以允许多少物种稳定地存在，可以从系统中各子系统的相互作用来预测，但在迁移过程中物种具体的变化方式极为复杂，并且具有很大的随机性。

现代生态学在研究大生态系统几千年中的演变时，使用这种方法，获得了有意义的结果，这就是生态演替理论。研究大时间范围内生态系统的变化，一般把生态系统分成3个相互作用的子系统：生物群落、土壤和气候（图3.13）。这个系统有两种稳态。一种是不毛状态，即没有生物群落，但当气候适宜和附近有生物群落时，这种不毛状态会慢慢变化。假设某地一开始是沙漠和岩石，由于地衣的生长，慢慢会有

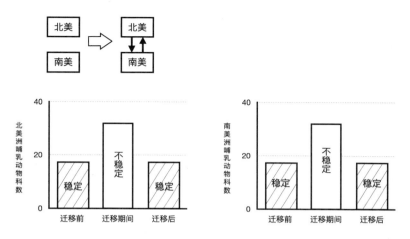

图3.12

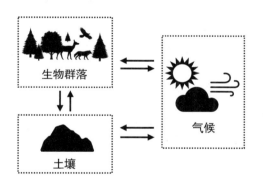

图3.13

薄薄的土层出现。随着土壤中生物有机质的增加，生态系统进入苔期，土壤加厚，保水力增强。保水力增强促进生态系统进一步改变，生态系统进入杂草期，早熟禾、车前草、狗牙根、蒲公英出现。随着杂草丛生，土壤中有机质进一步增加，生态系统进入了灌木期，土层越来越厚，保水力也越来越强。最后树木茂盛到一定程度，地面蒸发减少，微生物在其间繁衍，地面上地衣、苔藓及草丛逐渐减少。最后，生态系统到达盛林期，各种树木竞争，达到稳定，土壤有机质达到动态平衡。生态系统把这一整个系统的平衡态称为顶级状态。到这一状态，生态演替不再继续，并且森林对气候也有一定调节能力，整个系统达到新的稳定态（图3.14和图3.15）。根据生态演替理论，如果一开始原始环境的不毛状态不是沙漠而是水域，生态系统的演替将是和上述过程完全不同的过程，称为水生演替，但最后的结果都是同一稳态。变化的总趋势是，由于土壤有机质渐渐增多，水域面积随时间变小，深度随之变浅。

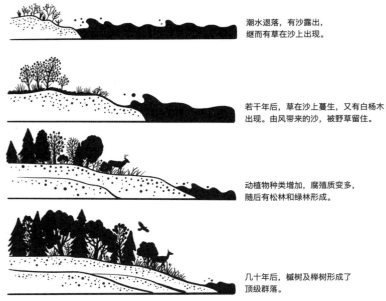

潮水退落，有沙露出，继而有草在沙上出现。

若干年后，草在沙上蔓生，又有白杨木出现。由风带来的沙，被野草留住。

动植物种类增加，腐殖质变多，随后有松林和绿林形成。

几十年后，槭树及榉树形成了顶级群落。

图3.14

水面下无植物

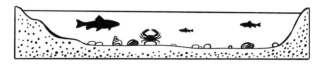

水面下有植物

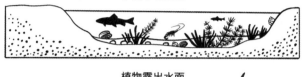

植物露出水面

暂时性的池塘和草原

枫树林、榉树林

图3.15

从系统理论来看，系统结构不同，互相作用的方式不同，它们的演化过程也不同。就拿生态演替的过程来看，在系统中没有别的因素（如人）的干扰时，演化趋向顶极群落。但在美国东部的温带区，有一个牧草受损群落的例证，原因是人类大量放牧（图3.16）。如果没有人的活动，本区将会产生落叶性灌木、葡萄树等植物，最后演变成顶级群落，各主要种群的出生率和死亡率达到平衡，能量的输入与输出以及产生量和消耗量（如呼吸）也都达到平衡。但因为有人类活动，系统将稳定在受损或受到干预的阶段。又比如台湾的高山地带，季风时火灾频繁，使生态演替停滞在草原期，若火灾可制止，则此种高山草原可继续演化，在短期内发展为森林，形成顶级群落。

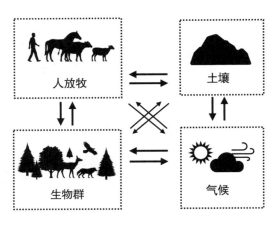

图3.16

如果系统的演化可以被归为由一种稳定结构向另一种稳定结构的过渡，那么演化过程可以用两种不同的基本模式来表示，一种是分叉，一种是汇流。分叉是这样一种现象：系统原来具有稳定结构A，由于系统内子系统及其相互作用方式的改变，原有稳定结构不再稳定，在新的作用方式下，系统有一些新的稳定结构，但稳定结构很可能不止一种，而有B、C两种。这时系统演化的新的稳定结构就有两种可能——B和C，而系统一旦演化到B或C，系统就出现较大的差别。当内部和外部条件改变时，它们又不能进一步稳定，可能孕育出新的稳定结构（图3.17）。我们在谈可能性空间时，就谈到过这一点。实际上，分叉现象是可能性空间的一种特殊展开形式，它的特点是可能性空间各元素都代表稳态结构。生物的进化可以看作生物和环境组成的系统的演化。物种适应于环境就是两个子系统在相互作用中保持稳定结构。同一种原始物种如犀牛祖先，进化到犀牛，头上长出角有利于适应环境，这是稳定结构。但同一犀牛祖先，对环境有两种适应办法，一种是头上长出两只角（如非洲犀牛），一种是只长一只角（印度犀牛），这是同一系统的两种稳定结构。生物系统适应环境的稳定结构可用适应空间的适应峰（也可用洼）来表示。或者说，同一个问题有两个答案。这时，系统到底会演化为两种稳定结构的哪一种，就或多或少带有一点偶然性。我们没有理由说非洲犀牛必定是两只角，而印度犀牛注定只有一只角，当系统演化面临分叉现象时，单纯的决定论是不适用的。很多时候，初始条件微小的差异，可以导致系统演化到有巨大差异的不同系统。

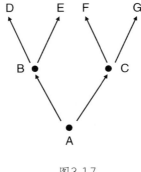

图3.17

　　汇流和分叉现象相反，它表明刚开始系统可以有许多不同的稳定结构，但这些稳定结构被打破后，系统都面临着一些共同的稳定结构。

　　系统在什么条件下的演化是分叉，在什么条件下又是汇流呢？这要具体问题具体分析。一般说来，一个孤立的系统在演变时常出现分叉现象。而许许多多原先孤立但后来发生了密切相互影响和联系的系统，往往出现汇流现象。生物的进化就是分叉。在人类历史的早期，各民族之间受交往影响较小时，社会形态变化也基本是分叉。但随着技术的进步，各民族之间交往的增多，汇流现象渐渐占主要地位。复杂系统的演化，也常常取分叉和汇流的中间形态，即演化为复杂的网状结构。

3.9　系统的崩溃：自繁殖现象

　　我们有必要专门讨论一下系统演化过程中旧结构瓦解时

发生的一种特殊情况，这就是自繁殖。自繁殖现象往往标志着系统原有的稳态结构被迅速打破，发生崩溃，造成系统旧稳态结构急剧、骤然瓦解，系统以暴风骤雨般的力量向新的稳态过渡。

核爆炸、激光、细菌繁殖、癌细胞的生长、传染病的流行等现象，表面上看，它们之间毫无共同之处，但控制论给它们一个统一的名字：自繁殖系统。它们是系统从一种稳态结构向另一种结构演化过程中出现的现象，它们有一个共同的特征：在一定条件下，某变量的值越大，变量的值增加越快。比如核爆炸，在一定条件下，核反应速度随着核物质质量的增加而迅速加快，即参与核反应的原子越多，放出的中子就越多，核反应也进行得越快。这样一来，参与反应的原子以几何级数增加，直到核燃料全部参与反应为止，在极短的时间里释放出巨大的能量。自繁殖系统一旦存在，那么不管一开始它对周围的影响是多么小，最后都将产生巨大的、不可忽视的影响。一个光量子放出的能量是很小的，可一旦具有同一频率的光量子自繁殖起来，就会产生巨大能量的激光。个别分化不良的细胞对整个人体来说没有什么影响，但大量的癌细胞以自繁殖的速度增长起来，可以危害一个人的生命。

自繁殖过程有什么共同性呢？

（1）任何自繁殖过程往往存在一个临界值，只有当一个系统变量大于这一临界值，才会有自繁殖发生。一般说来，这个临界值取决于系统结构的稳定程度，系统越稳定，抗干扰的能力越强，相应的临界值就越高。

如果铀235的质量小于一定值，并且达不到一定纯度的话，核爆炸是不会发生的，这个值被称为铀235的临界质量。为什么必须大于临界质量才会发生核爆炸呢？当中子引起铀235核裂变时，每个铀235原子核平均放出2.5个中子。新放出的中子叫作二次中子或第二代中子，它们和原来的中子一样，又能使别的铀235裂变，产生第三代中子。裂变过程这样继续下去，就会产生第四代、第五代等许多代中子。照理这种反应按几何级数增长，核爆炸会迅速发生。但实际上，不是全部裂变产生的中子都能继续参与裂变反应。有些中子会飞到铀块外面，有的要被设备中铀以外的材料吸收。通常把链式反应中下一代中子数对上一代中子数的比例叫作中子增殖系数。中子增殖系数大于1时，链式反应的规模越来越大，被称作中子的增殖，又叫自持式链式裂变反应。中子增殖系数小于1时，链式反应的规模越来越小，最后就中断了。中子增殖系数与铀块的质量有关，在临界质量以上，中子增殖系数大于1，核爆炸才会发生。

生物界也存在类似的情况。任何一种生物照理都可以构成一个自繁殖系统，如果生物所有的后代都能存活并继续产生后代，数量就会以几何级数增长。但这一自繁殖过程并不总是出现，原因在于生物和环境密切作用，它们的数量受到食物、天敌、气候等因素的制约。要使一个物种的实际增殖系数大于1，这个物种的数量必须大于一定的值。

（2）自繁殖系统内部存在一条有因果关系的自动增长链。

在积雪很厚的陡坡上，一开始出于偶然可能有一些雪下落，这些雪下落过程中又冲击更多的雪下落，这样下落的雪越来越多，奔腾直下，引起大规模的雪崩，会掩埋位于山谷中的房屋道路。这也是一个自繁殖过程。我们看到，在一定条件下，雪下落的事实本身就成为更多雪下落的原因，系统内形成一条自我因果的链，造成系统繁殖的原因来自系统内部。核反应中铀235放出的第一代中子引起其他铀235核裂变，成为第二代中子的原因。而第二代中子放出的结果又成为第三代中子产生的原因。生物世代交替，子代所承袭的不仅是父代的形体，也承袭了父代繁殖的本领。正因为系统内存在这样一条自动增长链，自繁殖过程也常常被称为链式反应。

（3）很多自繁殖系统的形成是由于负反馈控制机制的破坏引起的。

自然界许多具有自繁殖能力的系统不是孤立存在的，它们和周围环境有相互反馈的制约作用，在一般情形下，自繁殖现象被这种反馈作用有效地控制着，一旦反馈控制机制被破坏，自繁殖现象就出现了。

一个突出的例子是癌症产生的原因。有的生理学家认为，人体很多细胞的繁殖是通过如下机制控制的（图3.18）。这一过程一般是正常的，即可以生长出一些适量的新细胞来补充旧细胞的老化和死亡，维持新陈代谢的进行。新细胞的产生又受到一定的抑制而不会无限增生。如果抑制机制失灵了，在一定条件下，就会使新生细胞的产生不可抑制，成为一个自繁殖系统，这就产生了癌。比如一些理论家认为，一般细胞繁殖之所以不以几何级数增长，构成一个自繁殖系统，其原因是有这种反馈抑制系统存在。当新生细胞生长成熟到一定程度就有一种抑制生长的因子被释放出来，这一抑制生长因子反馈回来阻止细胞进一步分化。但如果这一反馈过程受到破坏，比如当新生细胞尚未成熟就死亡了，而一般抑制因子在新生细胞完全成熟后才产生，这样，这一反馈过程就被减弱，抑制因子数量大大减少，以至于幼稚细胞大量繁殖，造成了癌症。新生细胞之所以在未成熟之前就死亡，原因可能是由于某些酶的缺乏，造成了新生细胞不能维持正常寿命，从而使反馈中断，形成一个自繁殖系统。如将卵巢用手术移植至动物的脾脏，使得反馈中断，垂体得不到反馈信息而分泌大量促性腺激素而造成卵巢癌。

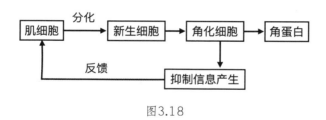

图3.18

关于癌症的研究，可以说，控制论是一个新的并且看来是很有希望的方法。目前用控制论建立了不少癌症病理模型，基本思想是把癌症看作一个控制系统失调而引起的自繁殖过程。不仅是癌症，自然界许多自繁殖系统的发生和反馈抑制机制的失调有关。比如20世纪60年代，在意大利，毒蛇猛增，以至于危害到居民住宅的安全，这在历史上从未有过。以往蛇的天敌如刺猬等，它们的数量有效地抑制了蛇的数量。但由于20世纪下半叶全球环境的变化，调节各生物之间数量平衡的反馈机制受到破坏，以至于使蛇的天敌数量减少，造成蛇的自繁殖。

研究自繁殖系统究竟有什么用处呢？有了这种研究，就可以指导我们去抑制我们不需要的自繁殖过程，引发对我们有利的自繁殖过程。

这方面最有趣的例子是消灭螺旋锥蝇[①]的试验。为了消灭螺旋锥蝇，除了用化学杀虫剂以外，是否有更有效、更简单的办法呢？通过自繁殖过程的分析可知，如果我们将螺旋锥蝇的数量压制到一定数量以下，则由于自然原因，它繁殖不起来，就会自然消亡。而分析螺旋锥蝇的自繁殖过程会发现，螺旋锥蝇一生只交配一次。因此，人们放出一定数量的受过放射性照射的雄蝇，这些雄蝇和雌蝇交配后所产的卵是不能孵化的，和受过放射性处理的雄蝇交配过的螺旋锥雌蝇再也不会和其他雄蝇交配了。这样只要受到放射性照射的雄蝇超过一定数量，就可将子代螺旋锥蝇的数量控制在临界值以下，从而使螺旋锥蝇的自繁殖链受到抑制，造成螺旋锥蝇死亡。第一场大规模试验于1951年在美国佛罗里达州的萨尼伯尔岛展开。这场试验很成功。1954年的一场试验把荷属安的列斯库拉索岛的螺旋锥蝇同样消灭殆尽，此后在佛罗里达

① 螺旋锥蝇是一种黑色带蓝绿色、有橘红色眼睛的害虫，它比家蝇稍大一点，它像绿头蝇那样把卵产在坏死的肉上，但它也侵入活的生物体。它的雌蝇将卵产在小得像虫咬后留下的伤口上，或将卵产在动物的眼睛、鼻子等入口处，卵再孵化成为幼虫取食动物深层组织的肉。除非立即进行治疗，否则被寄生的动物会一直受其困扰直至死亡。

州进行的另一场试验也获得了成功。接下来的30年时间里，这一灭蝇项目首先在佛罗里达州实施，随后是在整个美国东南部地区，最终扩展到了墨西哥等地。人们把受过X射线照射的螺旋锥蝇在美国佛罗里达州、得克萨斯州和墨西哥饲养大，然后再用小型飞机把它们投放出去。在该项目的全盛期，每周要放飞3亿只不具生育能力的螺旋锥蝇。在这一控制中撒下的雄蝇数量很重要，在一定数量以下，就会没有作用。多于一定数量，又是没有必要的。

此外，人们还想出了许多抑制自繁殖过程的方法，如化学中的防爆剂、自由基捕获剂，某些胶溶液中的稳定剂等等。在核子反应堆中，最重要的问题就是控制链式反应，使它不发生像核爆炸那样的自繁殖过程。科学家找到了各种中子慢化剂和中子吸收剂，把反应堆内的中子增殖系数控制在1.007以下。由于反应堆实际参加链式反应的是寿命较长的慢中子，因此即使有事故发生，最多也是厂房受到破坏，放射性物质外逸出来，像原子弹那样的猛烈爆炸是绝对不会有的。

在某些方面，人们又想尽方法创造条件来引发自繁殖过程，利用它达到人们的某种目的。激光器的发明就是一个很好的例子。激光器与寻常的光源大不相同，它的性质是很奇特的。它发出激光，具有很高的方向性、非常纯净单一的颜色，以及极强的功率，因此在现代科学技术中占有十分重要的地位。为什么激光和普通的光线不同呢？原来，普通充气灯的发光都属于原子自发的发射过程，处于激发能级E_1的原子自发地跃迁到基能级E_0上，同时发射出一个光子来。每一个发光的原子都是独立的发光体，它们彼此之间没有联系。

而激光的基础是原子的受激发射过程，处于激发能级E_1的原子受到一个光子的激发，跃迁到基能级E_0上同时发射出一个光子，这样一来，就有了两个光子了。我们注意到，受激发射的结果正是产生受激发射的原因。这个宝贵的性质使受激发射有可能成为一个有自动因果链的自繁殖系统。但是要具体构造一个激光器，使自繁殖过程能顺利进行，还要为它创造许多条件。首先，如果工作物质的原子大多处于基能级E_0，它们有可能将受激发射出的光子都吸收掉，使那条因果链中断。科学家在激光器中使用了气体放电等方法，使处于高能级E_1的原子数目超过处于低能级E_0的原子数目，造成所谓"非正态分布"。其次，为了使这条自动因果链能够产生数量巨大的光子，科学家用两个面对面的反射镜构成一个谐振腔，在光学中被人们称为"法布里–珀罗干涉仪"，它的主要作用是把被放大了的光的一部分作为反馈来进一步地将光放大。沿着轴线方向的光子在两个反射面之间不断往返运行，不断地刺激处于激发态的原子，使它们发射出更多的光子来。通过这种受激发射作用，沿轴线方向的光子数目就会不断增加，形成一个自繁殖系统，在腔里逐渐积聚起很强的光来，并从部分反射镜那一端透射出去，这就是激光。

　　自繁殖系统是变量发生迅速增长的现象。但实际上，任何自繁殖系统这种变量增长的现象不会无限延伸下去。系统演化经过自繁殖过程一般会发生系统的崩溃。原有的变量耦合关系将发生变化，还会出现一些新的变量。自繁殖是系统演化过程中的一个不稳定阶段，这种不稳定迅速把系统由原有的稳定结构推向另一稳态结构，产生一个新系统。

3.10　自组织系统

最后，我们谈谈系统的起源。

人们经常和各种各样的系统打交道。在各种系统中，变量之间都有自己独特的耦合方式和变化趋势。既然系统是指一组相互耦合、互为因果而且相关程度较高的变量，那么就必然会有一个问题：这些事物，或者说是变量，最初是怎么开始耦合起来的？也就是说，一个内部有一定组织程度的相对孤立系统是如何形成的？

读者们一定记得我们在2.8节曾经讨论过组织。组织是事物或一组变量从无联系的状态进化到某些特定状态的过程。因此，系统的形成过程也就是一个组织过程。

自然界有各种各样的组织过程，其中有一个极其重要又非常有趣的组织过程，这个过程是在一组事物或变量之间自动发生的，不需要这组事物或变量以外的力量干预。这样形成的系统被称为自组织系统。

我们为了在自然界和人类社会中建立某种秩序，往往不得不和无组织的混乱状态打交道。这种努力常常是艰苦的。有的系统是如此难以组织，有的刚被建立起来的秩序又是如此执拗甚至近乎本能地恢复到当初的无组织状态，使我们很少想到系统内部的组织力量。我们已经习惯于使自己成为各种各样系统的外来组织者，习惯于想象，如果没有人的干预，整个世界的秩序将会多么糟糕。自组织系统提供了例外，它能从无组织的混乱状态中自动产生，并且不断发展和完善自己的秩序。研究这类系统变化的规律性，有助于我们充分地利用被控制对象的内在因素，把我们所要达到的目标和系统固有的建立秩序的能力协调起来。

　　我们先来看一个简单例子。将一批磁针任意排在一起，如果地球和其他外来磁场不存在，那么一开始这批磁针的方向是混乱的，并且可以自由地来回摆动，这就是一开始的无组织状态（图3.19a）。这时，每一个磁针都是一个相对孤立的系统。这些许许多多的小系统是互相独立的，它们没有结合成一个有组织的大系统。但在这批磁针自由摆动的过程中，某几根磁针有可能偶然地指向一致的方向。一旦这种状态发生，那么这几个磁针马上就会在空间产生一个较强的、较为一致的磁场，这一磁场又会使其他相邻的磁针朝同一方向摆动。这样用不了多久，所有磁针的方向都将变得一致（图3.19b）。原来方向混乱、无组织的磁针经过一段时间后，自动地形成了自己的组织。这些小的相对孤立系统结合成一个有结构的整体：大的磁针系统。类似过程在生命起源、人类思维、国家组织等复杂系统中也同样存在，它反映了事物从低级向高级发展的辩证规律。

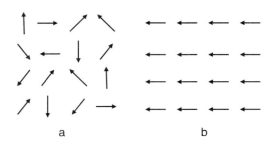

a　　　　　　　　b

图3.19

自组织系统存在如下5个特点：

（1）先有一个组织核心

从磁针的自组织例子可以看到，方向一致的几个磁针的取向具有关键作用，它可以大致确定发展起来的组织（在这里是磁针取向）的形式。比如化学中大晶体的培养是一个自组织过程，在晶体形成之前，溶液内晶体物质的分子处于无规则的分布与运动状态。而晶体形成的过程，就是晶体物质形成组织的过程。在这一过程中，最后形成的晶体组织形式究竟是一个有规则的大晶体，还是很多乱七八糟的小晶体，这完全取决于一开始形成的组织核心——晶核。如果晶核只有一个并且是很规则的单晶，那么自组织系统的发展最后可形成一个在光学上具有很高价值的大单晶。如果晶核很多，并且有的晶核是几个单晶结合在一起的，那就会生成很多形状乱七八糟的小晶体。

（2）自组织系统是一个不稳定系统，或者是一个亚稳定系统

什么样的小系统集合可以成为一个自组织系统呢？这个问题肯定是人们所关心的。因为一个小系统集合一旦成为自组织系统，它就可以自动地组织起来，而不需要我们过多地干预这个过程。构成自组织系统的小系统集合必须是不稳定的或亚稳定的，因为只有一个不稳定的或亚稳定的小系统集合才具有向各种不同组织形式发展的可能性。如果它们过于稳定，改变它的结构需要外界施加很大的影响，它的组织过程很难自动进行。也就是说，若一个稳定的小系统集合本身已形成某种牢固的组织，改变它的结构就不那么容易了。

比如说结晶过程，可以看作结晶物质的自组织过程。供结晶的母液必须是一个不稳定和亚稳定的系统，即需要过饱和溶液。如果是一般的不饱和溶液就不行，因为不饱和溶液是稳定的系统，溶液浓度可以长期不发生变化。如果分子间存在过分强烈的作用，比如一块固体结晶物质，它也太稳定，不能成为自组织系统。

（3）自组织系统内部存在一条有因果关系的自动选择链

我们曾经讨论过，所谓形成组织实际上是系统内部联系的可能性空间缩小的过程。自组织实际上是指这一缩小的过程是自动进行的。它之所以会自动进行，是因为存在一条有因果关系的自动选择链。在磁针的例子中，一开始的几个磁针选择的方向使其可能性空间缩小，这种缩小又导致其他磁针的可能性空间缩小，因而形成一条由核心开始的自动选择链。因此，在自组织过程中，使可能性空间缩小的选择因素是可能性空间前一次缩小带来的，自组织的动力来自系统内各部分的相互作用。

（4）自组织过程是不可逆的

自组织系统的发展过程一般都不可逆。一旦形成了一种组织，再要改变，使其形成另一种组织形式就很难了。比如在磁针自组织的例子中，开始要取得任意一个方向都很容易，但一旦混乱的磁针已经朝某一固定方向排列起来，形成一种组织，再要改变磁针的排列，形成另一种方向就很困难。因为大多数磁针的朝向已形成一个固定磁场。生物由低级向高级进化，也是一个自组织过程。现有的一些较高等物种都是由一些共同的较低等的生物进化而来的。显而易见，这一过程是不可逆的。现有的高等物种不但不会退化为低等物种，而且也不可能从一个现有的物种转化为另一个物种。生物类型这种不走回头路的特点有深远的进化意义。它可以稳定住生物的适应性，使其不致消失，并且在这一基础上继续发展。同时，由于性状分歧形成的不同生物类型，使生物可以各自更好地利用周围多样的生活条件，对生物的发展有利。

（5）自组织系统第五个重要特征是差之毫厘，失之千里

自组织核心的微小差别，可以导致最后形成的大组织出现巨大的差别，这一重要特征在药理学中十分重要。1932年，德国化学家格哈德·多马克（Gerhard Domagk）发现，一种叫百浪多息（Prontosil）的染料能治疗小白鼠中由细菌感染的多种疾病。1935年，百浪多息成为一种"神药"。为什么百浪多息能治病？原来它在体内被分解为两部分，其中一部分是磺胺（Sulfanilamide），它对细菌有抑制能力。磺胺能治病，是和自组织系统这一重要特点有关。大家知道，有的细菌需要叶酸，叶酸是合成核酸所必需的，有了核酸，细菌才可以生长繁殖。细菌可以从几种简单的化合物中制造叶酸，其中有一种原料是对氨基苯甲酸（PABA）。对氨基苯甲酸的分子很像磺胺。细菌不能区别这两种化合物，但对于细菌繁殖的一系列组织过程来说，含有磺胺分子的叶酸就不能发挥应有的作用，这样就遏制了细菌的繁殖。许多药物都是利用了这一原理，如在链霉素分子中，有一个糖很像葡萄糖，抗维生素通常与维生素很相像。这一原理在药理学中被称为竞争性抑制。

　　这方面最有趣的例子也许是春秋战国时的一个故事。据说，有一次齐桓公和管仲视察马厩，齐桓公问管理人员说："马厩的工作哪一件最难？"管理人员答不上来。管仲回答说："我以前当过马夫，知道缚马栈最难，如果先固定曲木，那第二根、第三根等也要弯曲的木头，直木就没有用了。如果第一根用直木，那以后都要用笔直的木头，曲木就没有用了。"第一次选曲木决定了第二次还选曲木；第二次选曲木，决定第三次选曲木。显然，这是一个组织过程。第一根木头是直木还是曲木，对整个马厩的结构有决定性的影响。管子机智地用这个例子说出一个道理，就是上梁不正下梁歪，说明国家组织在很大程度上要取决于国家的核心领导班子，特别是最高统治者。

　　学习过程也可以看作一个自组织过程。一个人在学习某一门知识前，他对这门知识的基本概念和内容处于无组织状态。他不知道这些概念和内容之间有什么联系，更不知道哪些联系是正确的，是客观规律的反映。通过学习，人们使各种概念和内容建立一种正确的联系。学习过程具有自组织系统的几个特征。首先，学习过程有相对的不可逆性。例如一个人在学习过程中建立了一种错误的概念，以后要改变它就比较困难，甚至比一点也没有学过还要困难。其次，在学习过程中，有些基础性的、关键性的概念被建立起来后，学习过程就可以大大加快。这些关键性概念就相当于组织核心。最后，如果一个人不善于把各种概念相互比较、联系，各种知识处于孤立与隔离状态，这样学习就很困难。但如果一个人把各种概念之间的关系看得太紧密，那么他接受新的观念也很困难。目前用电脑来模拟学习过程的学习自动机，可以根据外界条件来学习，从中找出控制某一体系的最佳条件。显然，这些学习自动机的设计要用到自组织系统的一些基本原理。

如果要促使一个小系统的集合成为我们所需的自组织系统，我们又该怎么做呢？第一，我们可以控制组织核心并使系统形成我们所需要的组织。人工降雨本质上也是一种促进自组织的过程。天空中的大量水蒸气凝结成水滴，对水蒸气来说，是一种自组织过程。但在有些时候，因为缺乏组织核心，即雨滴无法形成核心，这个组织系统因条件不完备而不能进行自组织。这时，我们就需要飞机在天空人为地散布一些组织核心，或促进组织核心形成的物质——碘化银，使这一自组织过程能够完成。第二，我们可以人为地改变一个系统，使其成为不稳定或者亚稳定的。如果原来系统各部分相互作用过于强烈，应适当减弱其相互作用。如果原来系统各部分相互作用太小，则应适当地增加其相互作用。比如制晶体的母液，我们可以通过调节溶液的浓度和温度，使之成为亚稳定的过饱和状态，也就是将系统调节到最适合产生新组织的那个状态。第三，因为自组织过程有不可逆性，我们必须密切注意和观察自组织过程的发展，不失时机地对其加以控制。

3.11　智力放大与超级放大器

首先我们谈谈什么是"智力放大"。

人们早已熟悉人的体力放大，这就是用机器代替人力。

什么是"智力放大"呢？控制论把智力在某种程度上看作一个人或一个组织在单位时间内进行正确选择的能力。所谓智力放大，实际上是一个选择能力的放大问题。浮游选矿的过程，是一个典型的、选择能力放大的例子。我们知道，有些宝贵的金属矿常常和大量的岩石、泥沙混在一起，要选矿后才能冶炼。如果人一块块地挑选，那工作量就太大了，这时候我们的做法是，人先进行小范围内的选择，即针对这种矿物的性质，选择合适的选矿剂。再利用选矿剂（表面活性物质）的性能，通过一个机构实行大范围的选矿。从选择选矿剂，到用选矿剂选矿的过程，可以说是人的选择能力被放大了。人们往往不把这类问题当作智力放大。要是所需选择的对象不是矿物，而是一大堆可能的方案，这就是一个明显的智力放大问题了，本质上它也是一种选择能力的放大。比如一个人要解决一个复杂的问题，他本身无力解决这个问题，即他不具备对这一问题的可能解决方案的选择能力。但他知道哪几个人可能会解决这类问题，于是他只需选择合适的人，他就解决了这个问题。选择人的范围比原来选择方案的范围小得多，这也是一个智力放大的例子，电脑就是最常见的智力放大器。

智力放大和自组织系统又有什么关系呢？

我们知道，自组织系统往往有一个组织核心，一旦这一组织核心确定，这个系统就可以自动形成某一组织。而组织核心的选择范围远远比形成这个大组织必须进行的选择范围小得多。我们以前文熟悉的磁针为例，如果磁针数目很多，要使所有指针都排在一个指定的方向，那么我们的选择范围就很大。但我们只要选择一个组织核心，即几个磁针，把它们的方向调到我们所需要的方向，其他磁针的方向也就会指到我们指定的方向了，通过一个小范围的选择和调节，整个选择过程便得到自动放大。

汉高祖刘邦本人并不是一位很杰出的军事家，他直接指挥的战役经常失利，韩信说他最多只能指挥10万人马。但刘邦最后能够打败项羽，组织建立起汉王朝，完成统一中国的大业。这是为什么呢？从军事才能来说，刘邦确实不如项羽。但项羽采取了孤家寡人的政策，不善于用人，他的智力再强，得不到放大，也是有限的，不能在相同的历史条件下把国家组织起来。尽管刘邦没有很突出的军事指挥和管理国家的才能，但他善于用人，他选择了张良、萧何、韩信这样一批人才，在他周围形成一个组织核心，通过这些人去打天下、治天下，这样他的智力就被大大增强了。历史上所有具备组织才能的大政治家，都知人善任，善于通过组织核心放大自己的选择能力。

自组织现象还可以用来达到一些很有意义的目的，比如实现所谓"超级放大"。

对基本粒子的相互作用过程，任何显微镜都不能放大到可供我们观察的程度。两种化学性质相同而只是结构左旋、右旋不同的分子，目前的任何显微镜都不能区别它们，这时就需要一种超级放大器。一个自组织系统就可以充当这种超级放大器。

基本粒子的相互作用过程可以通过观察在作用过程中蜕变出来的粒子运动轨迹来了解。如果能设计一个自组织系统，把那些蜕变出来的粒子作为这一系统的组织核心，而这一系统在数量上又是自繁殖的，即由这一核心引发成长起来的新组织在数量上是不断增长的，一直到我们可以看见的地步，那么我们就能根据这个系统形成的大组织形态来判断基本粒子的相互作用，这就成了一个超级放大器。20世纪科学家观察基本粒子相互作用的3种主要仪器：威尔逊云室、气泡室和乳胶照片，都是按这一原则制成的。

对左右旋不同的分子也可用类似的方法观察区别。在这里采用的自组织系统是分子自己的结晶过程：先制成左右旋不同分子的过饱和溶液，当其自组织的结晶过程成长出肉眼可观察的晶体时，就可以通过光学性质区别和研究它们了。

除了自组织系统外，在系统工程中常见的系统还包括最佳控制系统、自适应控制系统及随动系统等。其中最佳控制系统亦称最优控制系统，它是使选取的目标函数在所限定的条件下达到"最优质"的自动控制系统。自适应控制系统是能够适应环境条件变化而自动调整系统参数或特性的自动控制系统。随动系统亦称跟踪系统，它是用来精确地跟随或重复某种过程的一种自动调节系统。针对各种系统的研究都广泛地使用了数学工具。目前，系统理论已经深入社会科学领域，在那里，系统理论充分显示了它处理复杂问题的特长。

第四章　质变的数学模型

　　科学是反复无常的，她喜欢年轻人……她偏爱令人头晕目眩的胡思乱想的人，她被反叛者和革命家的精神所迷住。

　　我们讨论了系统的形成、稳定和崩溃，也讨论了新系统结构取代旧系统结构的趋势。但是，在系统演化的历史上，还有一个重要的环节：新系统结构如何取代旧系统结构？或者说，系统结构演化的方式是什么？对于这个问题，人们早就注意到了，即事物的新质态如何取代旧质态。因为事物性质由系统结构决定，所以新质态如何取代旧质态，正和结构演化方式相关。这不仅是科学家感兴趣的课题，也是哲学家关心和争论的问题。这一章我们将在前文对系统稳定讨论的基础上，运用国外数学界在20世纪60年代中期开始发展起来的突变理论，对此展开深入的研究。

　　长期以来，在学术界流行一种观点，似乎认为质态之间的转化一定要通过飞跃来实现。我们利用系统演化理论研究这个问题，就可以发现质态的转化既可以通过飞跃来实现，也可以通过渐变来实现。我们在这里还将根据系统稳态结构，对识别自然现象是飞跃还是渐变，提出一个新的判定原则，并对质变过程中节点以及矫枉过正和极端共存等现象发生的规律进行探讨。我们认为突变理论和系统论为研究质态的转化提供了数学模型，对发展质变、量变的规律有重大意义。

4.1　哲学家和数学家共同的难题

事物由一种质态向另一种质态的转化，通常被称为质变。事物的变化到了一定的限度，到了一定的节点，平滑连续的过程会中断，新的质变会以不连续的方式突然出现。多少个世纪以来，这种突变现象弄得人们眼花缭乱，它们往往由于悖于常理而成为人们认识中最不可捉摸的部分。这类现象早就引起了哲学家和科学家的兴趣，并且始终成为一个有重大争议的哲学课题。

哲学上关于质变问题的争论，长期以来集中在一个焦点上：质变究竟是通过飞跃还是通过渐变来实现的？人们筛选出成打的例子来作为自己的论据，结论却大不相同，它们基本上可以被归纳为三种意见。

第一种可以称为"飞跃论"。他们认为从一种质态向另一种质态的转化必然是一种突变、一种飞跃，渐进过程必然要中断，出现一个区别两种质态的节点，以不连续的方式完成从"旧质"往"新质"的过渡。他们最常举的例子包括暴力革命、材料的断裂、临界质量以上的核反应、经济危机的爆发，以及水在常压下的沸腾等。

　　第二种可以称为"渐进论"。他们认为在任何两种质态之间不存在什么绝对分明和固定不变的界限，不存在"非此即彼"的绝对有效性。一切对立都互为中介，一切差异都在中间阶段互相融合。因此，不同质态之间的转化，归根结底是渐进的、连续的。他们的论据包括经济复苏、燃料的缓慢氧化、水的挥发、社会的改良、移风易俗和生物进化等。这一类变化很难找到一个可以明显区别两种质态的节点，事物缓慢地、连续地完成旧质态向新质态的过渡。以这种转化观点构成自己进化论基础的达尔文，甚至倾向于赞同"自然界没有飞跃"这句古老的格言。

　　这两种意见相互对立，又都有各自的根据，长期以来僵持不下。在很长一段时间里，飞跃论一度被解释成唯一正确的辩证转化观点。但是苏联学术界就语言学问题展开大讨论的时候，以尼古拉·马尔（Nikolai Marr）及其语言学说为代表的飞跃论，却暴露出它的弱点。语言的演变与暴力革命完全不同。它不是通过突然的飞跃，不是通过现存语言的突然消灭和新语言的突然创造，而是通过新质要素的逐渐积累和旧质要素的逐渐衰亡来实现的。这样，就在理论上出现了一个矛盾，一方面不能放弃质变就是飞跃的原则，一方面又得承认质变在客观上可以具有不同的进行方式。为了弥合这种理论上的矛盾，苏联学术界在批判马尔及其学说的同时，提出了一个"爆发式飞跃和非爆发式飞跃"理论。这个理论一方面继续确认质变就是飞跃，另一方面又把飞跃分为爆发式和非爆发式两种。他们把像暴力革命这一类飞跃论所说的质变方式称为爆发式飞跃，把语言的演化这一类渐进论所说的质变方式称为非爆发式飞跃。

这个"爆发式飞跃和非爆发式飞跃"理论代表了质变转化方式中的第三种观点，我们可以称之为"两种飞跃论"。这个理论对中国哲学界的影响很大。看起来，它似乎解决了质变的途径问题，实际上只要认真地分析一下，就可以发现这个理论隐含着严重的逻辑困难，我们认为很有讨论的必要。

飞跃就是质变，还是质变的一种方式呢？"两种飞跃论"认为：旧质到新质的转化就是发展中的飞跃。然而，先把质变和飞跃定义成同一个东西，再来讨论质变必须通过飞跃实现，还有什么意义呢？既然规定了质变就是飞跃，接下去的讨论就相当于规定飞跃必须通过飞跃来进行，人们看不出这种讨论有什么价值。因此，我们认为首先必须把质变和质变的方式严格地区分开来，不能混为一谈，否则在逻辑上就有同语反复之嫌。

"两种飞跃论"所遇到的不只是一种逻辑上的困难，概念的混乱反映了这个理论存在一些根本性的缺陷。事情并不像某些人想象的那么简单，有关质态转化的方式问题，看来是一个远未解决的哲学疑案。

有趣的是，在哲学家遇到麻烦的同时，飞跃现象也使数学家十分棘手。在数学领域里，微积分所提供的方法圆满地处理了那些连续、平滑的变化过程，但一旦遇到突变问题，已有的微分方程就会碰到困难。有没有可能建立一种关于突变现象的一般性数学理论来描述各种飞跃和不连续过程呢？提出这样的问题似乎令人难以相信会得到什么结果。且不谈数学处理本身的复杂性，怎么能设想自然界那些形形色色的突变会有本质上同一的变化方式，会"就范"于一种共同的数学模型呢？

哲学和科学再一次汇聚在一起，从不同的角度思考了同一个问题。终于，人们迈出了可喜的一步。1972年，法国数学家勒内·托姆（René Thom）发表了第一部著作，把他的工作叫作突变理论。托姆经过严密的数学推导证明了一个有趣的结论：当条件变量小于4个时，自然界各种突变，只有7种基本方式。它们分别被称为折叠型、尖点型、燕尾型、蝴蝶型、双曲型、椭圆型以及抛物型。这个重大的发现轰动了数学界，有人称之为牛顿和莱布尼茨发明微积分300多年以来数学上最大的革命。

非常有趣的是，突变理论的核心思想正是我们前一章谈到的稳态结构。因此，原则上突变理论对质变方式的研究是控制论系统论方法的延伸。在讨论其基本思想之前，我们先看它的具体结构。

4.2 质变可以通过飞跃和渐变两种方式实现

从某种特定的观察条件出发举个别的例子来说明实现质变要经历飞跃或渐变都不困难。历史上的飞跃论和渐变论哲学家实际都采用了这样的方法来论证自己的观点。慷慨的大自然多彩多姿、变化万千，要举出一些特殊条件下的例子总是容易的。因此，每一种观点看起来都言出有据。

物质相变是大家比较熟悉的，自古以来，沸腾和凝固现象一直吸引人们的兴趣，不少哲学家在讨论质变问题时喜欢引述这方面的例子。黑格尔在阐明质变、量变规律时，就举了水结成冰的例子。他认为："水经过冷却并不是逐渐变成坚硬的，并不是先成为胶状，然后再逐渐坚硬到冰的硬度，而是一下子便坚硬了。"①他又说："当水改变其温度时，不仅热因而少了，而且经历了固体、液体和气体的状态，这些不同的状态不是逐渐出现的；而正是在交错点上，温度改变的单纯渐进过程突然中断了，遏止了，另一状态的出现就是一个飞跃。一切生和死，不都是连续的渐进，倒是渐进的中断，是从量变到质变的飞跃。"②从黑格尔所举的这个例子可以看出，他所说的飞跃，正是质变所经历的方式。水在冰点"一下子便坚硬了"确实是一个非常漂亮的例子，说明事物的质变是可以通过飞跃来实现的。这对于当时流行的"自然界中没有飞跃"的观点是相当有力的批判。

那么，人们是不是据此就可以得出"一切质变都必须经过飞跃才能实现"的结论呢？

正如我们不赞同"自然界没有飞跃"的渐变论一样，我们也不赞同"质变必须经过飞跃才能实现"的飞跃论。黑格尔只举了冰点时水的例子，事实上，自然界许多非晶体，例如玻璃、石蜡、沥青等物质，它们的液态在冷却过程中正是逐渐变硬的，正是先变成胶状，然后再逐渐坚硬到一定的程

① 　［德］黑格尔：《逻辑学（上册）》，杨一之译，商务印书馆1966年版，第404页。

② 　［德］黑格尔：《逻辑学（上册）》，第403—404页。

度，而不存在一下子变硬的飞跃过程。甚至在日常生活中，人们也可以发现，与空气接触的一杯水（物理化学上称为双组分体系），可以不经过沸腾那样的飞跃方式，而经过逐渐挥发的过程变成水蒸气。

　　就以黑格尔所举的水的相变为例。他在大谈飞跃的时候，忽略了一个重要的条件：大气压力。他所说的沸腾、凝固、沸点、冰点，都只是在一个大气压的普通条件下而言的。大约1个世纪以后，人们发现了相律。根据相律理论，水经过沸腾飞跃为气的现象只发生在一定的温度压力条件下。温度压力超过了一定的临界点，就不存在沸腾现象。突变理论为物态变化提供了比相律更为精确的数学拓扑模型，这些模型不但形象、有趣，对于我们研究质量互变规律也是非常重要的。

　　根据突变理论，水的气液相变过程可以表示为图4.1的曲面，这个曲面被称为尖点型突变模型。曲面上的每一个点表示一定温度压力条件下水的密度状态。曲面总的趋势是由高向低倾斜，说明随着温度增高及压力降低，水由高密度的液态变为低密度的气态。这个曲面奇特的地方在于，它有一个平滑的折叠，折叠越向后越窄，最后消失在三层汇合起来的那一点Q，Q就是临界点所对应的密度。除了折叠的中间那一叶，整个曲面都表示密度的稳定状态。折叠的中间叶是密度的不稳定状态。

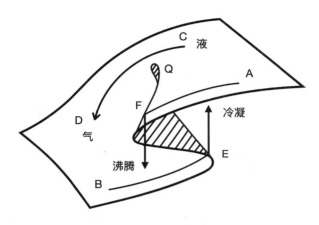

图4.1 水的相变

根据这个突变模型，我们可以看到，水由液态变为气态的过程可以通过两种截然不同的方式来进行。第一种方式是当条件温度压力沿着AFB方向变化。常压下水加热到100℃沸腾，变为水蒸气就属于这种情况。起初在AF阶段，随着温度升高、压力降低，水的密度在曲面的上方沿着斜坡连续下降，但还保持在高密度液态区，这相当于常压下水加热到100℃之前的阶段，虽然密度有所降低，还保持为液态的水。但到了折叠的边缘F，曲面的上叶突然中断了，密度值一下子跌到曲面下叶的气态区域，发生了不连续变化。这相当于常压下水加热到100℃时发生沸腾的现象。它是一次飞跃，一次突变。

除了采用沸腾的飞跃方式，水由液态变为气态还可以通过第二种方式——渐变来实现，这种情况发生在条件温度压力沿着CD方向变化的时候。从图4.1可以看到，当温度和压力沿CD方向绕过了临界点，从曲面折叠后面的斜坡变化时，水的密度的变化就是连续的。液态的水的密度值是逐渐降低的，它经由一系列似水非水、似气非气的中间状态连续变化为气态。整个液气转化过程中不发生飞跃，不发生突变，不存在沸腾现象，找不到一个可以称之为沸点的节点（或称交错点）可以把水的液态和气态区分开来。

　　同样的两种方式也适用于气态变为液态的过程。从图4.1可以看出，气态变为液态可以分别通过BEA的飞跃方式和DC的渐变方式来进行。不过，以飞跃方式进行时，飞跃的节点不是F，而是E。密度值在E点一下子由气态区上升到液态区，这就是冷凝现象。

　　突变理论考虑问题的角度与以往的一些理论不同，它不但关注事物在某种特定条件下的质变方式，而且更注重研究当条件发生变化时事物质变方式的改变。可以说，托姆的突变理论的本质就是揭示事物质变方式是如何依赖条件变化的。他不是凭经验和猜测，而是通过极其严格的数学推导建立了他的理论。这使得他的理论有一个坚实的科学基础，能够站在一个新的高度洞察事物质变的全过程，克服以往一些理论的偏颇。

　　艾思奇在《大众哲学》中曾经举过一个雷峰塔倒塌的例子，来通俗地说明质量互变规律。他说，塔的倒塌经过了两个阶段，第一个阶段是愚民把砖一块块地偷走，塔身的支持力渐渐减弱，但塔始终是塔，表面上看不出有什么变化。这个时期是量变，是渐变。第二个阶段是在倒塌时的变化，砖的数量已减至最少，塔已不能维持原来的形状，于是"哗啦"一声，倒塌下去。这时的变化很明显，因此这一时期的变化是质变，是突变。艾思奇的这个例子代表了一种典型的质量转化观点，形象地说明质变阶段雷峰塔是如何"'哗啦'一声，倒塌下去"，突变为一堆废墟的。但是，除了以这样一种突变或飞跃的方式质变之外，就没有其他的方式了吗？如果我们设想那些愚民们每天不是从塔底把砖一块块偷走，而是从塔顶开始把砖一块块偷走（我们暂且假设他们克服了种种技术上的困难），那会发生什么情况呢？显然，从塔顶一块块、一层层地偷砖，直到偷光为止，也不会发生"'哗啦'一声，倒塌下去"的突变现象，也不会有飞跃出现。整座塔完全有可能被逐渐毁掉，以渐进方式完成质变。

突变理论的基本思想是深刻的，然而并不复杂。它是从稳态结构的研究开始的。1972年托姆出版了一本系统阐述突变理论的著作，书名就叫《结构稳定性与形态发生学》。突变理论通过对稳态结构的研究，从广义上回答了为什么有的事物不变，有的渐变，有的则是突变。一种关于事物的变化的真知灼见的理论却来源于对事物不变性的洞察，这是一个意外的出发点。对它的研究有助于我们了解突变理论的深刻思想，了解这个理论的意义不只在于给出了种种形状古怪的模型。

4.3　事物为什么具有确定的性质

为了研究质变的方式，我们首先必须解决一个问题，这就是为什么物质会具有某一种确定的性质。对此，或许哲学家会认为不成问题，因为物质总是具有一定的属性。但是对于科学家，这个问题常常引起他们的深思。为什么这块木头有固定的物理性质？为什么这杯水有固定的化学性质？科学家发现，任何物质都处于内外环境密不可分的作用之中，任何物质都会受到来自内部和外部不可排除的干扰。木块受到内外应力的复杂干扰，为什么没有在压力的作用下变成碎片呢？水分子由两个氢原子和一个氧原子组成，氢原子和氧原子不断受到内在电子运动和外来分子的干扰，这些干扰使氢氧原子处于不断振动之中。为什么这种振动没有动摇水分子的结构，使氢原子、氧原子飞散开去呢？就拿原子本身而言，它也处于内部基本粒子运动和外部场的不断干扰之中，为什么原子没有瓦解呢？实际上，任何一种物质都是一个系统，系统的可能结构有很多，它的结构在内外干扰作用下不断发生这样的形变。在干扰存在的条件下，只有稳态结构才能存在，因此，事物表现出的性质一般都是某一种稳态结构所具备的质。换言之，对于事物质的规定，干扰像海浪一样包围着它，冲击着它。在干扰的冲击之下，物质要具有某一种确定的性质，无论是几何形状、物理性质或化学性质，都不能是任意的。这种性质必须具有稳定性，要满足稳定性必备的条件。也就是说，系统表现出的确定性质必须是系统稳态结构所决定的性质。关于稳态结构，我们在前一章已有很多描述。但前文仅仅从系统各部分互相作用来把握稳态结构。现在我们把稳态结构和系统的某一种质的规定性联合起来考察，将由稳态结构决定的性质称为事物质的"稳定性"。初看起来，质的稳定性似乎就是一种不变的性质，其实问题要复杂得多，在控制论中，它有着深刻而严格的含义。

　　从稳态结构角度分析，质的稳定性大致包括了这样几类含义。

　　第一类质的稳定性的含义是，当事物受到一个比较大的干扰时，事物质的规定性也即状态发生的变化很小。乌龟的盔甲、蜗牛的壳，以及人类的房子都具有这种稳定作用，它们使外界温度的、机械的以及各种其他变化不致对内环境发生显著的影响。化学中常用的缓冲溶液也具有这种性质。比如我们配成缓冲溶液，它的pH值为4.74。当溶液受到较大的干扰，如加入一定量的酸和碱时，pH值的变化不大。这种性质非常宝贵，我们知道，许多化学反应需要在较稳定的酸碱度条件下进行，用这种方法配制的缓冲溶液，提供了一个稳定的酸碱环境。这里pH值4.74被称为这个缓冲溶液的稳定态。

　　第二类稳定性的含义是指事物处于这样一种性质或这样一个状态：如果我们给事物一个干扰，使事物偏离这一状态，事物能以某种方式自动地回到原来那个状态去。不倒翁的直立是一个稳定态，无论干扰使它的角度发生怎样的偏离，只要干扰一消失，它又会自动回到直立状态。事物一旦偏离某一状态，再也回不去了，就叫不稳定。我们常说"危如累卵"，把鸡蛋一个个叠起来，那可是太不稳定了。只要稍有点干扰，比如一丝微风，走路时地板的振动，都会使鸡蛋摔下来。而鸡蛋一旦摔下来，它们不会自动地叠在一起，所以"累卵"是一个不稳定态。

　　第三类稳定性似乎具有更广义的含义，它指事物自动发生或容易发生的总趋势。如果一个事物能自动发生趋向某一状态的变化，那么我们就说这一状态比原来的状态更稳定。

这在系统的研究中特别重要。我们前面讲过的自组织系统，在这个意义上就是在自动趋向稳态。

不管对质的稳定性的定义如何，它都是指在内外干扰下事物保持自身某一状态不变的能力，它的意义对我们的研究极为重要。我们这个世界是现在这个世界，各种事物能存在并进行有规律的运动，都离不开稳定性。经济发展需要有稳定的货币。生物的生存需要有稳定的内环境。任何一种语言的词汇实际总是稳定在一定的数量极上，太少了不能表达思想，太多了无法掌握。任何物理规律都具有稳定性，这是近代科学的信条。一个微分方程如果不是稳定的，就不能代表物理规律。事物内在的联系如果没有稳定性，那么这种联系既发现不了，也不会对事物的发展起支配作用。

4.4 稳定机制：稳态结构的数学表达

一旦我们把事物某一种性质的稳定性与稳态结构联系起来考察，认为事物任何存在的质或多或少都具有稳态结构所具备的稳定性，这就为我们深入研究质变方式找到一个关键的突破口。对于任何一种稳态结构，系统内各子系统的互相作用与调节都是保持其稳定的机制。对于事物任何一种确定的质，我们也都能发现保持这一质的稳定性的机制。没有这种稳定机制，事物不会具有相应的质态。什么叫稳定机制呢？我们来举一个例子。

我们知道，一个坑中的小球，就其位置而言，是稳定的。因为小球不管受到哪一方向的外力干扰，偏离了稳定位置，只要干扰消失，小球都可以滚回到坑的底部。而一个放在物体尖端上的小球，它的位置是不稳定的。因为一旦外力干扰使它发生偏移，小球就回不到原来的状态了。为什么坑中小球的位置是稳定的？因为有坑的存在，坑和重力构成了保持小球位置稳定的机制。

那么，对于其他物质的各种性质，如化学性质、物理性质，有没有类似现象呢？有的。任何一种物质要保持其某一性质的稳定，必定有一种相应的稳定机制。这种稳定机制有的是事物内部结构中各部分相互作用造成的，有的是在人参与控制的条件下形成的。不论是哪一种稳定机制，我们都可以用动态图和可能性空间势函数注的形式表示出来。这里所说的注并不是坑中小球那种现实空间的注，而是一种表示物质性质的抽象空间的注。这一节我们就要着重研究一下这个问题。

让我们先来比较两个实验。图4.2a表示相同的2根弹簧，分别把它们的一端固定起来，另一端在自由的情况下分别处于A、B两点。现在把它们都拴在1个小球上，我们可以看到，由于2根弹簧相反的拉力，不管小球开始处于什么状态，最后都会弹回AB的中点，这是稳态。如果我们在A、B两点分别放2个带正电荷的小球（图4.2b），在它们中间放1个带负电荷的小球，那么负电小球也受到方向相反的引力作用。不过与弹簧实验相反，我们发现负电荷小球在AB之间的任何位置都是不稳定的。即使在AB的中点0，只要稍微受到一点干扰，它要么往A跑，要么往B跑，不会静止不动。这说明它在AB之间没有稳态。显然，在第一个例子中，弹簧构成保持0点稳定的机制，而在第二个例子中没有。

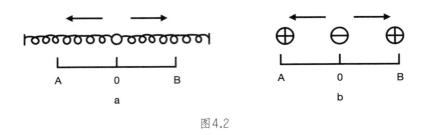

图4.2

如果我们把AB之间小球各点的运动趋势都用箭头标出来，就得到图4.3。我们看到，弹簧实验中小球各点的运动方向都指向0（图4.3a），而电荷实验中小球在AB之间没有一个共同的归宿（图4.3b）。

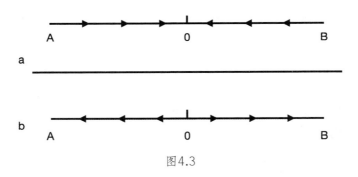

图4.3

图4.3这种表示方法被称为某种变换的动态图，图上按箭头方向移动的点，表示变换所经历的各个状态。大多数城市的公共汽车站牌上，用动态图向乘客指示汽车行驶的方向。在我们的讨论中，动态图可以用来指示一系列变化中稳定态的位置。图4.4的两幅动态图，分别表示A点在稳定的和不稳定的情况下的动态。有稳态的动态图表现了稳定机制。

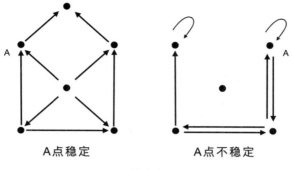

A点稳定　　　　　　　　A点不稳定

图4.4

　　如果各个状态的变化是连续的，我们可以用空间连续的箭头来表示状态之间的变化关系。图4.5就是几种连续的稳定和不稳定情况。

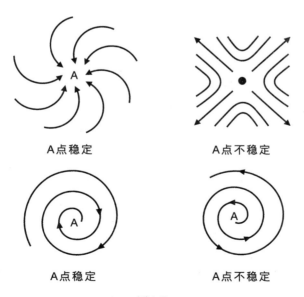

A点稳定　　　　　　　　A点不稳定

A点稳定　　　　　　　　A点不稳定

图4.5

　　除了动态图，人们还经常用势函数曲线来表示稳定机制。

　　物理学认为，自然界存在的任何物质从能量上讲必须具有稳定性。比如两个氢原子组成一个氢分子，两个氢原子之间的距离必定是势能最小的距离R（图4.6）。这样的结构是氢分子结构中最稳定的结构。为什么呢？因为干扰是无处不在的，如果氢分子的能量（由原子之间的距离R决定）比邻近结构高，那么任何一点外界干扰都会使氢分子发生变化，放出能量，原有的结构也就不能稳定地存在。氢原子之间的距离最终将趋于势能曲线洼的最底部，达到稳定态。

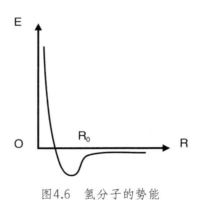

图4.6　氢分子的势能

　　图4.6这条曲线又被称为氢原子距离的势函数曲线。势函数具有广泛的意义。对自然界不同的过程，势函数的物理意义是不同的。对于水的物相，它的势函数曲线如图4.7所示，势函数是自由能Z。这条势函数曲线上分布3个洼。由于事物的状态总是自动趋向势函数值较小的位置，因此势函数曲线的洼底就一定是事物的稳态。不管干扰使状态如何变动，事物最终

将回到洼底这个位置上。势函数洼的这种性质被人们用来描述事物的稳定性。每一个洼都表示事物的一个稳态，洼底的位置就是稳态的位置，洼越深意味相应的稳态越稳定。图4.6曲线只有1个洼，意味着氢分子只有一种稳定的结构。图4.7曲线有3个洼，它们分别代表水的固、液、气3种稳定的物态。

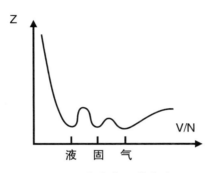

图4.7　水的势函数曲线

　　在弹簧实验和电荷实验中，如果分别用虎克定律和库仑定律计算一下，就可以看到原来弹簧小球位置的势函数有一个洼，因此它有稳态（图4.8a），而电荷小球位置的势函数没有洼，因此没有稳态（图4.8b）。

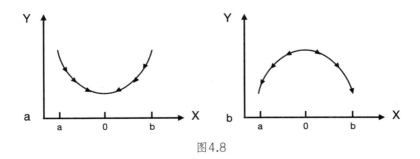

图4.8

　　当事物的状态空间不是一维的时候，也可以用洼来表示稳定机制。二维状态空间的洼不是由一条曲线组成的，而是由一个曲面围成的。图4.9中一个势函数曲面有洼，另一个没有洼，它们分别表示有稳态和没有稳态的情况。

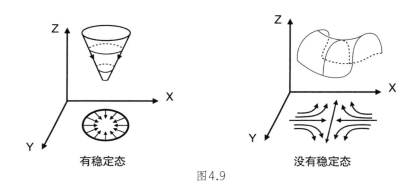

有稳定态　　　　　　　　　　没有稳定态

图4.9

　　细心的读者或许已经发现，如果把图4.8的势函数曲线投影到底边上，ab之间的箭头方向与图4.3是一致的。如果把图4.9的势函数曲面投影到底平面上，就得到和图4.5相似的箭头。这说明用动态图来表示事物的稳定机制与用势函数来表示是一致的。

　　人们一定会问，这种表示稳定机制和稳定结构的方法是否具有普遍性？实际上，虽然事物的性质千差万别，但其丰富的质的规定性都对应着各层次存在的不同的稳定机制。比如地面上任意一个静止的物体，在力学上是稳定的。地心引力、摩擦力、地面反作用力一起构成保持其位置不变的稳定机制，这一机制可用势能函数曲线的洼表示。同时这一物体之所以有一定的化学和物理性质，是由于在分子层次，原子间的作用是保持它具有确定物质结构的稳定机制。它可以表示为化学能量曲面的洼。即使到了基本粒子层次，原子核能稳定存在，也存在相应的稳定机制，这种机制又能表示为势函数洼的形式。

利用势函数的洼来表示稳定机制，不但形象，而且有许多奇妙的用处。最有意义的，就是利用它可以非常清晰有力地阐明事物在质变过程中出现飞跃或渐变的原因。

4.5　事物性质的不变、渐变和突变

事物在发生变化的时候，势函数曲线以及它的洼是怎样变化的呢？我们先来分析一个简单的例子。对一块直立的长方形木块施加一个推力F，假定木块的支点因摩擦作用不动，那么随着F的增大，木块逐渐倾斜，木块底边与地面的夹角θ逐渐增大。当木块倾斜到某一个角度θ_0时，渐变过程就中断，木块突然翻倒，夹角θ一下子从θ_0飞跃到90°。这是一个在推力F作用下木块的稳定性被破坏的过程（图4.10）。

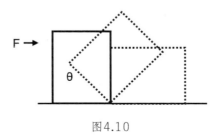

图4.10

　　木块在没有F的情况下，只可能处于直立或横立两个稳定的状态。也就是说，θ角的稳态，只存在0°和90°两种情况。无论木块开始时倾斜成什么角度，最后要么直立，要么横立，别无选择。如果我们画出木块在前面几次翻倒运动中重心的轨迹，得到图4.11中那一条曲线，它由几条圆弧组成。这条曲线也就是木块的势函数曲线。它有2个洼，洼底的位置a和b对应木块直立和横立两个稳态。

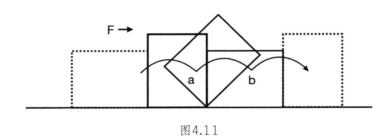

图4.11

　　在推力F的作用下，木块的势函数曲线就逐渐发生了变化（图4.12）。可以看到，随着a_1、a_2、a_3，这个阶段由于a洼没有消失，木块还处于稳定态中，θ角是逐渐由0°增大到θ_0的。到θ_0时，木块重心到a_3位置，这时a洼消失，势函数曲线只剩下b洼，这意味着木块由第一个稳态过渡到第二个稳态，重心由a_3飞跃到b，夹角相应由θ_0翻到90°，突变发生。

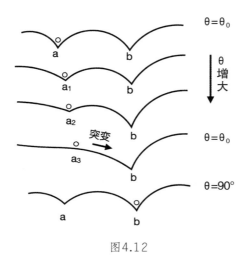

图4.12

　　这个过程虽然比较简单，却很典型。它说明了几个问题：①当势函数的洼不变时，事物处于稳定不变的状态。②当条件的改变引起势函数的洼的移动变浅时，事物发生渐变。势函数的洼越浅，事物越不稳定。③当条件的改变使势函数旧有的洼消失，状态经历从不稳定向新的洼过渡时，事物发生突变。旧的洼消失的那一点，就是飞跃的节点。

　　从势函数曲线洼的变化，可以解释为什么尖点型模型的前面会出现一个折叠。当然，关于突变理论的严格的数学推导较为复杂，但对它做直观的说明并不困难。我们看图4.13，垂直排列的一些平面表示有2个洼的势函数曲线的顺序变化，它们对应事物2个稳态的相互转化过程。底平面的1个变量表示条件的变化。我们把垂直平面中2个洼的位置投影到底平面上，就得到一条S形的曲线，它表示随着条件的变化，2个稳态的转化过程。实际上，图4.1突变模型中的折叠面，就由一系列这样的S形曲线连续地组合起来。

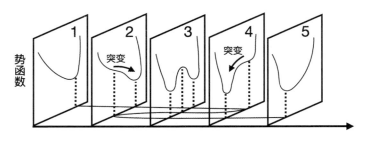

图4.13　排列势函数图，在底平面有一条反S形曲线投影

由此，我们不难理解为什么说突变理论以结构稳定性的研究为基本出发点。

4.6　怎样判别飞跃

那些主张"自然界没有飞跃"的人大多基于这样一种信念：在任何两种质态之间总能找到一系列中间状态，把它们联系起来，这些中间状态是任何转化过程必须要经历的。因此，不管转化的快慢如何，它们总是连续的、渐进的。比如水在常压下100℃沸腾成为水蒸气，我们说水从液态密度一下子变为气态密度，这是一个飞跃过程。但从渐变论的角度来说，水的密度变化也一定经历了液态密度到气态密度之间的那些中间密度过程，无非是时间极短而已，因此他们认为不能说其中出现了飞跃和中断。木块在外力作用下从直立状态翻倒为横立状态。在外力的作用下木块是逐渐倾斜的，当夹

角到达某一个角度 θ_0 时，木块突然倒下，夹角从 θ_0 一下子变为 $90°$，我们说这是一个飞跃。但渐变论者认为，不管木块翻转的速度如何，它都必须连续地经历 $0°$ 到 $90°$ 之间的一切角度，因此也不能说中间有什么飞跃阶段。这种观点尤其容易被生物学家接受。在研究生物进化时，随着大量具有中间性状的古生物化石被发现，物种之间的鸿沟逐渐被填平，进化在大多数场合可以被理解为一种千百万年间发生的渐进的过渡，很难用"渐进的中断""不连续""突然发生"之类飞跃的模式来说明物种的转化。

这种观点具有相当的说服力，对那些坚持"自然界充满了飞跃"的说法是一种挑战。这个问题的提出，正暴露出经典的飞跃论的一个严重缺陷。经典的理论在确定一个过程是不是飞跃时，缺乏明确的判定原则，一般只简单地把飞跃说成是一个突然地、迅速地发生的过程，把飞跃和非飞跃归结为变化速度的区别。事实上这种判定原则并不总是适用的。它无法排除那些迅速发生的渐进过程，无法理解那些花费时间较长的飞跃过程，也不能解释变化速度和节点上的不连续性的关系。它经不起仔细推敲，反而为根本否定飞跃的存在提供了机会。两种飞跃论企图用"爆发式飞跃"和"非爆发式飞跃"来解释质变过程中存在的不同转化方式，但他们提出的判定爆发和非爆发的原则仍旧没有突破变化速度、渐进的中断、变化的突然性等旧论，因此不但没有解决经典飞跃论原有的困难，反而还带来了新的逻辑混乱。

根据突变理论和系统稳态结构分析，我们可以提出一条判别飞跃的新原则：如果质变中经历的中间过渡态是不稳定的，那么它就是一个飞跃过程，如果中间过渡态是稳定的，那么它就是一个渐变过程。

为什么不用中间过渡态是否存在或变化速度是否快慢来判定飞跃，而用中间过渡态是否稳定来判定飞跃呢？因为这样不但更科学、更精确，而且把握了飞跃过程和渐变过程本质上的差别。根据这条判定原则，我们说水在常压下100℃沸腾是一个飞跃，因为在这样的条件下，液态和气态密度之间的那些中间密度状态都是一些不稳定的状态，水的沸腾的本质是从液态稳态向气态稳态的过渡，它不能停留在不稳定的中间密度状态中。相反，如果按图4.1中CD曲线控制条件，绕过了临界点，那么，液态和气态之间的中间密度状态都是稳定的，水可以不经过沸腾，而经过逐渐变稀薄，变成似水非水、似气非气的一系列稳定的中间状态，采用一种渐变的方式。木块从直立状态翻倒的过程中，我们承认木块循序，经历了从0°到90°的一切角度，但从θ_0角度开始，木块的重心超出了支点，它从一个不稳定的过渡阶段翻倒下来，因此它是一个飞跃。

在分析化学中，强酸强碱的滴定[①]在等当点附近的pH行为历来被飞跃论者认为是一个飞跃。图4.14的滴定曲线显示出等当点附近的陡直变化，它表示滴定进行到等当点附近时，pH值发生迅速的改变。实际上，整个滴定过程中溶液在滴定剂的控制下都是稳定的。即使在等当点附近，在严格滴

①　一种分析技术，通过加入已知浓度的试剂，可以定量测定溶解在样品中的特定物质。

定的条件下pH值还是受控的。只要加入碱的量很少，总可以使溶液的pH值变化充分小，曲线总是可微的。如果pH值有不稳定的区间，就无法用于定量分析，因此这是一个渐变过程。

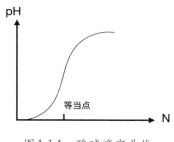

图4.14 酸碱滴定曲线

对于我们以前讨论过的那些有复杂反馈联系的系统、自繁殖系统和自组织系统，用稳态结构来判别飞跃具有特殊的意义。影响这类系统变化的因素往往很多，通常我们一时找不到简单的突变模型来描述它们。它们的变化不但取决于其他控制条件，还取决于系统变化本身。研究这类系统的飞跃很有意思。我们知道，燃料可以通过自然氧化的方式释放热量，也可以通过爆炸的方式释放热量，为什么有这种差别呢？原来，在爆炸的情况下，一部分燃料氧化后释放的热量不能及时散发掉，使周围温度迅速提高，加速了周围燃料的氧化并使温度进一步升高。这样，就形成了一个正反馈系统。只要有一小部分燃料点燃，整块燃料就立即处于一种不稳定状态之中，以爆炸的方式一下子全部氧化。这是一个以飞跃完成的质变过程。而在自然氧化的情况下，由于热量能及时散发开去，一部分燃料的氧化并不影响整块燃料的稳定性，燃料可以通过稳定的氧化反应过程，不形成正反馈系统，因此这是一个以渐变完成的质变过程。同样的道理，我们可以把雪崩称为飞跃，而把滚雪球称为渐变，是因为雪堆在这两种情况下稳定性不同。

黑格尔在《逻辑学》中曾经举过从头上拔走一根头发是否会成为光头和从谷堆里取走一粒谷是否还会有谷堆的例子，以此说明量变如何引起质变。对我们来说，要确定一个质变是由飞跃方式进行还是由渐变方式进行，就不但要研究质变，而且要研究质变发生时事物的稳定性如何。显然，我们从头上拔走一根头发，剩下的头发还是稳定地长在头上。我们取走一粒谷子，剩下的谷堆仍然可以保持稳定。因此光头形成和谷堆取完的过程都以渐变的方式实现。如果是一副多米诺骨牌，情况就大不一样了。游戏的规则决定一旦倒了其中的一块，就会影响到其余骨牌的稳定性，进而相继倒下，这就是一个飞跃。因此，问题不在于变化的速度如何，而在于稳定性。无论我们怎样加快取谷粒的速度或者减缓多米诺骨牌倒下的速度，都不能改变它们各自渐变和飞跃的本质。

我们也可以由此来分析雷峰塔的倒塌过程。愚人们从塔底把砖一块块偷走，从根本上动摇了雷峰塔的稳定性，到了一定的节点，雷峰塔的稳定性被破坏，它"哗啦"一声倒塌下来，经历了一个不稳定的阶段，因此被判定为飞跃。如果愚人们从塔顶把砖一块块偷走，雷峰塔直到完全拆掉为止，都是稳定地过渡的，中间没有出现不稳定的阶段，这个质变就是渐变。所以问题也不在于愚人们偷砖的速度和塔倒塌的速度，而在于偷砖的方式，因为从塔底偷砖与从塔顶偷砖对于整座塔稳定性的影响不同。

与某些物理过程和化学过程相比，生物界的情况就要复杂得多。物种进化过程究竟是渐变还是飞跃，历来是有重大争议的课题。突变理论提示我们，要确定物种之间的演化是渐变还是飞跃，不但要证明各种过渡类型和中间类型是否存在，而且要研究这些过渡类型和中间类型的性状是否稳定。不能单凭过渡类型和中间类型的存在就判定一个进化过程为渐变。此外，生物的情况比较复杂，标志进化的特征性性状可能有多个，需要由多维状态变量来描述。根据突变理论，可能其中某些性状具有稳定的中间状态，而某些性状不具备稳定性。以古猿进化到人为例，四足爬行和直立行走之间的过渡性状从力学的角度来说是不稳定的，而制造工具、语言、能动性等都完全可能有稳定的中间状态。考虑到各种性状的相关性（相关变异），用数学方法建立多维状态变量的进化模型可能相当复杂，但这是一个新的出发点，开展这方面的工作或许会让我们对进化的本质有更深刻的了解。

用稳定性来判别飞跃的原则也同样适用于研究社会科学问题。过去，我们把一切社会变革都说成是飞跃，现在看来是值得商榷的。分析一场社会变革以什么方式进行，主要不在于这场变革的发生是否突然，进行的速度是否迅速，以及是否采用了暴力手段等等，而主要在于分析变革进行的过程中社会是不是基本处于一种稳定状态之中，整个社会的政治、经济、军事、人民的生活是否经历了大破坏、大动荡的不稳定时期。同样是传统社会向现代社会过渡，法国大革命与日本的明治维新有显著的区别。明治维新之时，虽然倒幕派也曾与幕府短兵相接，但明治政府实行的一系列改革，是在整个社会生活基本稳定的条件下进行的。而法国大革命进行之时，整个社会生活都经历了激烈的动荡。

4.7　飞跃和渐变的条件

突变理论通过模型告诉我们，质变的转化可以通过飞跃来实现，也可以通过渐变来实现。不仅如此，更重要的是，该理论指出在什么控制条件下质变是飞跃的，什么控制条件下质变是渐进的。用数学语言来描述飞跃和渐变的条件并不困难。从图4.1我们已经知道，控制一个质变按飞跃方式进行，还是按渐变方式进行，完全取决于如何控制条件的变化。尽管变化的起点相同，结果也相同，条件沿AB方向变化就发生飞跃，条件沿CD方向变化就发生渐变。

那么能不能从突变模型得出某些一般性的结论呢？根据突变理论，可以得出一个比较粗略但很有趣的结论：在两个质态相互转化的过程中，总有两个和条件变化相关的基本因素，即维持旧质态稳定性的因素和建立新质态稳定性的因素。如果新质因素增强的同时，旧质因素没有明显减弱，质变不发生则已，一旦发生就可能以飞跃方式进行；如果新质因素增强的同时，旧质因素明显减弱，质变就可能以渐变方式进行。

人们通常都有这样的经验，当促使质变发生和阻止质变发生的力量都很强时，双方形成激烈的对抗，事物的质变要么不发生，要么就以飞跃的方式发生。如果双方的力量都不大，对抗就比较缓和，质变即使发生也是渐进式的。有的材料如生铁、岩石等不会轻易发生形变，一旦在强力作用下形变，它们就很可能一下子断裂。而有的材料如橡胶、塑胶很容易在外力作用下形变，即使发生形变，它们也不会一下子断裂。人们患病的过程中也有这种情况，发作的时候许多症状指标一下子偏离正常状态，痊愈的时候却要慢慢调养恢复。因为一般发病的时候，致病因素比较强，人体的抵抗力也比较强，一旦发病，人体就处于一个不稳定的状态，发生了飞跃。生了一场病以后，致病因素和人体的抵抗力都减弱了，人体经历一个逐渐恢复的阶段。俗话说"病来如山倒，病去如抽丝"。突变理论暗示我们相应的病理模型中有一个折叠区，生病时各种控制因素将症状行为推入了这个折叠区，痊愈时各种因素又使行为绕开折叠区，沿着曲面的连续部分回升。

对尖点型、蝴蝶型等偶次势函数的突变，稳态之间能够可逆地转变，即一种质态能够转变为另一种质态，另一种质态也能够变回这一种质态。突变理论指出，这类质变原则上可以通过控制条件的变化来选择飞跃方式或渐变方式。而对于折叠型、燕尾型等奇次势函数的突变，这类变化过程中有一些不可逆的稳态，突变理论指出，这类质变过程的飞跃方式与渐变方式不一定能通过条件的改变来选择，这是值得注意的。

4.8 节点：蝴蝶、燕尾及其他

事物的质变都发生在节点上吗？事物的不同质态是不是

都可以找到节点互相区别？节点的位置随条件变化吗？它又是怎样变化的？

经典的飞跃论确定了飞跃在质变过程中绝对地位的同时，也确定了节点的地位。他们认为事物的不同质态之间都存在这样一些点，在这些点上，事物渐进的量变中止，出现飞跃，发生了质变。从历史上来看，飞跃论指出节点的存在和性质，对根本不承认事物质态变化有限度的渐变论是一个有力的批判。但由于历史上科学技术背景的局限，经典的飞跃论只能模糊地感觉到节点的存在，未能进一步研究节点存在和变化的条件性。

突变理论严格、全面地研究了节点对条件变化的依赖关系，因而能够比较科学地描述节点的存在和性质。根据突变理论，两种相互转化的质态之间的节点并不是一个固定的点，而是随着条件变化有规律分布的一个区域。这种分布规律可以用图4.15表示。图中V与U两个变量分别表示两个控制事物质态变化的条件，在我们前文举过的例子中，它们分别是压力与温度。区域a和区域b分别表示a、b两种质态存在的范围，在我们讨论过的例子中它们分别表示水的液态和气态。图中的阴影区域就是节点分布的范围，它的顶点Q是尖角形的，因此这个突变模型又叫尖点型。随着V、U变量的增大，阴影不断向前扩展。细心的读者或许已经想到，图4.15实际上就是图4.1在底平面上的投影，其中尖点角的阴影区，实际就是图4.1的折叠区的投影。

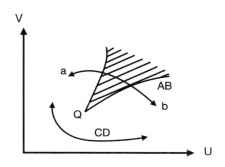

图4.15 尖点型模型中节点的分布区

从图4.15可以看出，质态a和质态b之间可以通过许多种途径互相过渡，但总的来说，只有两种情况。一种是穿过阴影区，以AB线为代表的飞跃方式；一种是不穿过阴影区，以CD线为代表的渐变方式。

质态沿AB由a往b转化的过程中，只要条件的变化一进入阴影区（折叠区）就意味着有飞跃为b的可能。阴影区内的每一个点都可以成为飞跃的节点。因此我们说，节点不是一个固定的点，而是随条件变化有规律分布的一个区域，这个区域在两种质态相互转变时，必然是图中阴影区那样的一个尖点角形。根据突变理论，质变进行时具体在哪一点发生飞跃，取决于外界干扰的大小，干扰越大，飞跃发生得越早，节点分布在AB线进入阴影区的部位。干扰越小，飞跃发生得越迟，节点分布在AB线脱离阴影区的部位。

如果沿CD线绕过了尖点角，质态a和质态b之间的过渡就以渐进的方式进行。从图中我们看到，在阴影区的左下方，区域a和区域b之间没有明确的分界，相应的行为曲面部分是连续的、稳定的，CD线经过一系列似a非a、似b非b的稳定中间状态过渡。由于没有穿过阴影区，因此在这种质变过程中找不到一个可以明确地把a态和b态区分开来的点，找不到一个"由量转化为质"的点，找不到一个会发生飞跃的点。一句话，这种质变过程不存在节点。事物在由a往b过渡时，a态的成分逐渐减小，b态的成分逐渐增大，每走一步都比以前更接近b态，最后完全变为b态。

在不同的突变模型中，节点对条件变化有不同的依赖关系，它们有各自的分布范围。实际上，突变理论专家们都用节点在条件变量组成的空间中的分布图形来表达突变模型。

以上我们介绍的突变模型是尖点型，它是一种比较简单而又比较基本的模型，它刻画了两种稳定的质态相互转化的过程。如果有3种稳定的质态，并且它们能互相可逆地转化，那么就要用蝴蝶型突变来描述。例如水及其他物质常有固、液、气3种不同的物态，它们可以相互转化，相应的模型就是蝴蝶型的。尖点型突变实际上只是蝴蝶型的一种特殊情况。蝴蝶型的行为更复杂些，要用五维空间（一维状态变量，四维控制变量）才能完全表达出来。对于我们这个三维空间的世界，只能用固定某些变量的方法来观察它的一些局部。如果我们固定2个控制变量，可以得到图4.16。其中V、U是控制变量，a、b、c表示3种不同的质态。除了3个单值区外，JQF是a、b两态共存的双值区，JRK是b、c两态共存的双值区，KE曲线与FH曲线之间是a、c两态共存的双值区。中间有一个口袋形的JFDK，它是a、b、c三态共存区，又叫三值区。整个图像如一只飞起的蝴蝶，蝴蝶型因此得名。

上述结果最直接的证据就是水的相图。在温度压力构成的控制平面上，相关实际是蝴蝶型的（图4.1的尖角型是其中一部分）。图4.17中JQF为气液共存区，JRK为固液共存区，KE和FH之间为固气共存区，其余部分是固液气3个单值区。一般情况下由于大量干扰的存在，这些双值区、三值区都被掩盖了。气液共存区缩小为MQ相平衡曲线，固液共存区缩小为MR相平衡曲线，固气共存区缩小为MN相平衡曲线，口袋形的三态共存区缩小为一个点M，这点称为三相点。这里，突变理论揭示的固、液、气三态转化规律比相律更为深刻。它不仅能解释过热、过饱和等现象，还能指出这些现象发生的范围。相律无法解释为什么MQ不能在平面上无限延伸，MN却可以延伸到绝对零度附近，而这些对于突变理论是很自然的结论。

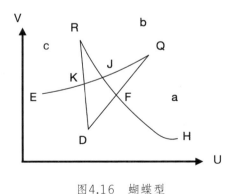

图4.16　蝴蝶型

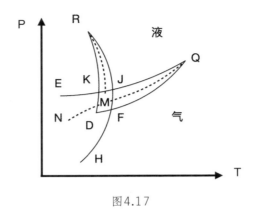

图4.17

蝴蝶型突变在自然界广泛存在，它描述了3种不同质态互相转化时，节点构成的几何形状。这在理论化学中特别有用，例如研究周期表中各元素的氢氧化物的酸碱性。氢氧化物的水溶液有3种基本的性质：a. 电离出H^+，溶液呈强酸性；b. 电离出OH^-，溶液呈强碱性；c. 不电离。显然，只要选择适当的控制变量，主控制平面上这些性质的分布应当是蝴蝶型的。上述论断被证实了。我们选择某些关键参数如离子半径和电负性建立控制平面，发现这3种性质的分布确实是蝴蝶型的。图4.18中JQF是强碱性与不电离两种性质共存区，从统计上看，这类氢氧化物呈弱碱性。JRK是强酸性与不电离两种性质共存区，氢氧化物呈弱酸性。KE和FH曲线之间是强碱与强酸两种性质共存区，H^+和OH^-结合成水，氢氧化物不稳定，分解为氧化物。口袋形JFDK是强碱、强酸、不电离三种性质共存区，氢氧化物在这个区域呈酸碱两性。

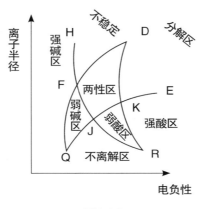

图4.18

尖点型和蝴蝶型是几种质态之间能够可逆转化的模型。自然界有些过程是不可逆的，比如死亡是一种突变，活人状态可以突变到死人状态，反过来却不行。这一类过程可以用折叠型、燕尾型等势函数最高为奇次的模型来描述。图4.19为燕尾型突变中节点的分布图。它像一只飞起的燕子尾巴。燕尾型和折叠型突变在几何光学上很有用处，它们成功地解释了彩虹的形状和一系列奇妙的光学现象。

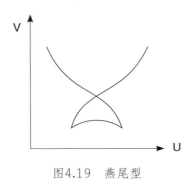

图4.19　燕尾型

表4.1　7种基本突变

名　称		控制维数	状态维数	稳定转化方式	势函数类型
尖点型	折叠型	1	1	$a \longrightarrow b$	$G = \frac{1}{3}X^3 - a_1 X$
	尖点型	2	1	$a \rightleftarrows b$	$G = \frac{1}{4}X^4 - \frac{1}{2}a_1 X^2 - a_2 X$
	燕尾型	3	1	$a \rightleftarrows b$ ... c	$G = \frac{1}{5}X^5 - \frac{1}{3}a_1 X^3 - \frac{1}{2}a_2 X^2 - a_3 X$
	蝴蝶型	4	1	$a \rightleftarrows b$ ... c	$G = \frac{1}{6}X^6 - \frac{1}{4}a_1 X^4 - \frac{1}{3}a_2 X^3 - \frac{1}{2}a_3 X^2 - a_4 X$
脐点型	双曲型	3	2		$G = X^3 + Y^3 + a_1 X + a_2 Y + a_3 XY$
	椭圆型	3	2		$G = X^3 - XY + a_1 X + a_2 Y + a_3(X^2 + Y^2)$
	抛物型	4	2		$G = X^2 Y + Y^4 + a_1 X + a_2 Y + a_2 X^2 + a_1 Y^2$

　　表4.1给出了控制变量不多于4个时，状态变量不多于2个时的7种模型。这7种模型是最基本的。如果稳定的质态增加到4个，描述它们之间变化的模型称为茅屋型（图4.20）和星型（图4.21）。随着控制变量增加，突变模型变得越来越复杂。数学上已经证明，当影响突变的控制变量多于5个时，突变模型有无限多种类型，这深刻地说明自然界质变形式的丰富性。

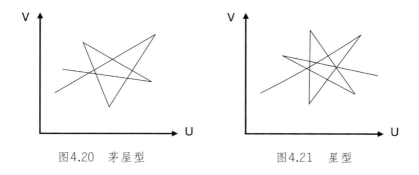

图4.20　茅屋型　　　　　　　图4.21　星型

4.9　矫枉必须过正吗

《湖南农民运动考察报告》中有一句话："矫枉必须过正，不过正不能矫枉。"这句话指的是有些事物在一定的条件作用下引起了一定的结果，但当这个条件消失后，结果并不消失，事物不能立即恢复原状，要等条件往相反方向变化到一定程度，出现很大的相反作用时，事物才能恢复原状。用科学的术语来讲，这类矫枉过正的现象叫作滞后。例如我们对一段直的铁丝施加一定的作用力，它会产生弯曲现象，如果我们取消作用力，铁丝不会马上变直，它往往需要我们施加相当程度的反作用力才会变直。无论在自然科学还是在社会科学中，都会经常遇到这类滞后现象。

那么矫枉过正是不是一个普遍的规律？在任何情况下矫枉都必须过正吗？滞后现象的出现有什么规律性？这些问题也跟节点出现的规律性问题一样，从前人们只是凭经验有一些模糊的、笼统的认识，未能用科学的方法加以深入探讨。甚至在一段时期内，有人盲目地把矫枉过正的现象绝对化了，在实际工作中事必过正，造成了许多不应有的损失。

突变理论第一次发现了矫枉过正现象和飞跃现象之间的联系，揭示出这两种历来被人们孤立研究的现象具有同一的本质，从而为我们深入探讨矫枉过正的问题提供了线索。

突变理论指出，矫枉过正现象有严格的条件，只有当质变以飞跃方式进行时才可能发生。在水的气液相变过程中，常有矫枉过正的现象发生，那就是水的过热现象和水蒸气的过冷现象。水在常压下的沸点是100℃，但是大家知道，如果用纯净的水做实验，并且充分排除掉振动等干扰，水加热到100℃往往还不沸腾，要稍高于100℃才通过沸腾变为水蒸气。相反，水蒸气照理在常压下100℃应当冷凝，但往往要稍低于100℃才通过冷凝变为水。这样就在100℃附近形成一个水的过热区和水蒸气的过冷区，也就是说，由水变为气的节点和由气变为水的节点不是同一个，双方有一个滞后的差距，双方的质变都要过正才能恢复原状。这种现象我们可以用图4.22来表示。图4.22实际是图4.1尖点型模型的一个截面，图中水的密度曲线呈弯曲的折叠状，而通常所说水在常压下的沸点为100℃，只是有干扰情况下的一个统计数值。如果温度压力条件的变化绕过了折叠区，水汽不以沸腾和冷凝的方式质变，而以渐变的方式质变，就不存在节点，也不会发生矫枉过正现象。

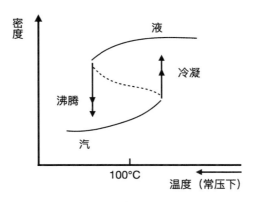

图4.22 水相变中的矫枉过正现象

　　上一章我们曾经研究过一个由老鼠、土蜂、三叶草和蛇组成的生态系统，它们之间有如下关系：老鼠破坏土蜂窝，土蜂传播三叶草花粉，三叶草养蛇，蛇吃老鼠。这个生态系统有两个稳态。第一个稳态是老鼠多、土蜂少、三叶草少、蛇少。第二个稳态正好相反，是老鼠少、土蜂多、三叶草多、蛇多。假定这个生态系统一开始处于第一个稳态，田野附近的居民逐渐形成养猫的习惯，猫的数量增加，这个外加的条件对生态系统有什么影响呢？一开始不会有什么变化，但猫多到一定程度就打破了原有的生态平衡，系统一下子飞跃到第二个稳态，即老鼠少、土蜂多、三叶草多、蛇多（图4.23）。这时如果再减少猫的数量，生态系统会不会很快回到第一个稳态呢？显然不会。因为蛇一多，它就会明显制约老鼠的繁殖。必须使猫的数量减少到比原来少得多的程度，才会实现相反的飞跃，矫枉过正现象十分明显。在生态学中，条件的变化会导致某一生物的绝迹，滞后将是无限大，质变不可逆转。

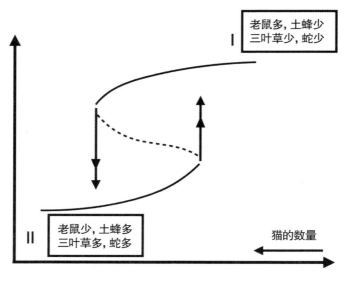

图4.23　生态系统中的矫枉过正

　　我们说矫枉过正现象只有当质变以飞跃方式进行时才会发生，那么反过来是不是一切有飞跃出现的情况下，矫枉都必须过正呢？不一定。根据突变理论，即使在飞跃发生的情况下，矫枉过正也不一定是必需的。由于质变进行时，总有各种各样的干扰存在，当干扰的作用相当大时，往往不必施加过量的相反作用，事物就可以恢复原来的质态。突变理论指出，矫枉过正现象只可能存在于突变模型给出的节点分布区域之内。在节点分布区域之外，矫枉不需要过正。

4.10　极端共存

　　另一种与质变有关的重要现象是极端共存，它也是第一次在突变理论中得到了比较透彻的研究。

　　这类现象一般发生在由数目众多、组成相同的子系统组成的大系统中。在一定的条件下，大系统的各个子系统可能同时处于各种完全不同的质态之中。用通常的话来说，就是一个事物的某些部分以一种质态存在，同时，事物的其他部分则以另一种质态存在。例如水是由许多水分子组成的，在一般的情况下，水要么全部以固态方式存在，要么全部以液态或气态方式存在。但在一定的条件下，会出现两态共存区，例如气液共存区内，一部分水以气态方式而另一部分水以液态方式共存。对水来说，还有一个三态共存区，即水的固、液、气三态可以同时存在，著名的水的三相点就是三态共存区。又如在激光器的谐振腔内，只要控制一定的条件，一部分气体分子处于高能态，而另一部分气体分子处于低能态中。高能态分子可以通过发光突变为低能态，低能态分子也可以被激发到高能态，两者的数目达成一定的平衡而共存。

　　人们之所以把这种现象称为极端共存现象，是因为在共存区给出的条件下，共存的不同质态之间是不连续的。例如水在气液共存区内只能处于气态、液态两种不同的质态，不能处于气态、液态两相中间的那些过渡态。达尔文最早发现生物界的极端共存现象。他在环球旅行时，发现太平洋一些群岛上的昆虫很特别。这些昆虫要么几乎没有翅膀，要么有极敏捷的翅膀，而没有大陆上那种具有不强不弱、普通翅膀的昆虫。达尔文经过研究发现，这是海岛上狂风暴雨的环境选择的结果。在狂风暴雨的条件下，昆虫要生存下去，只有两种办法：要么翅膀退化，干脆不飞，躲进草里避风；要么具有强大的翅膀，能与狂风暴雨顽强地搏斗。而像大陆上那些中间性状的昆虫会飞但并不具备突出的飞行能力，就会被吹入海里，被淘汰。也就是说，在这样的条件下，两种极端的质态都是稳定的，而中间状态却是不稳定的。

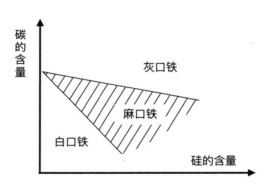

图4.24　铸铁结构中不同组织共存区的分布

　　突变理论认为，极端共存有严格的条件。和矫枉过正的现象一样，极端共存现象也只有在节点分布区域内，才可能发生。实际上，突变模型所表示的节点分布区域，就是由两态共存区、三态共存区等组成的。只有在这些共存区内，极端才有可能共存。而在共存区之外，要么只能存在单一的质态，要么只能存在那些极端之间的中间状态。例如铸铁中碳和硅的含量都很高时，形成石墨化较好的灰口铁。碳和硅的含量都很低时，出现大量Fe_3C，形成白口铁。如果灰口铁和白口铁同时存在，则形成两种组织混合的麻口铁。根据突变理论，这两种质混合出现的共存区在控制平面中的分布应当呈尖角形。大量实验证明，理论的结果是一致的（图4.24）。我们可以在自然界找到大量事物的两种极端状态共存的现象，突变理论为探讨这些现象的规律性提供了有力的工具。

4.11　共同的使命

突变或飞跃，这个错综复杂、变幻奇妙的课题，科学家和哲学家早在古代就注意到了。随着近代工业革命的兴起，各种物质和能量变化的新现象不断被发现，各种新的社会现象不断产生，需要人们从理论上回答质态转化的一般性规律问题。黑格尔第一次把量转化为质和质转化为量作为系统变化规律表达出来，恩格斯对此作了高度评价，并把它上升到自然界和人类社会普遍规律的高度，给出了唯物主义的解释。

今天是个什么情况呢？科学技术在一日千里地发展，宏观世界和微观世界被人们更深入地研究，整个自然科学包括那些研究我们人类自身的学科都出现了一系列重大的突破和进展。人们迫切需要有更精确、更细致、更完备的理论来描述客观世界质态转化的过程。科学在发展，不会总停留在一个水平上。哲学也在发展，随着自然科学领域中每一个划时代的发现，唯物主义必然要改变自己的形式。

　　突变理论的提出，启发我们深入探讨质变、量变规律中那些尚待开拓的领域。当然，这个理论本身还处在较为初期的阶段，正在发展之中，需要进一步的实践检验，数学模型与现实世界之间的关系有待建立。在这些方面，科学与哲学都肩负着自己的使命。

第五章　黑箱认识论

> 一种新真理通常的命运是，开始被当作异端邪说，后来又成为一种迷信。
>
> ——赫胥黎（T. H. Huxley）[1]

我们研究了各种反馈耦合系统。但是，对我们人类来说，有一种反馈耦合具有特殊的意义，这就是主体和客体之间的反馈。对这一反馈耦合系统的研究形成了控制论的认识论。

任何一种方法论都有对应的认识论，与控制论独特的方法对应的是一种独特的认识论，人们通常称之为黑箱理论。

5.1　认识对象和黑箱

控制论把人们认识和改造的对象看作黑箱。

任何一个客体事物，它和作为主体的人的关系总可以

---

[1]　T. H. Huxley. "The Coming of Age of the Origin of Species". *Nature*, Vol. 22, No. 549. 1880.

归结为两个部分。一部分是客体对主体的作用，包括主体所接收到的客体的信息，以及客体对主体的各种作用、影响。它们反映在客体的输出中，可以用一组变量来表示，这组变量被称为这个客体的可观察变量。另一部分是主体对客体的控制作用，包括主体传递给客体的信息，以及主体对客体的各种作用、影响。它们反映在客体的输入中，也可以用一组变量来表示，这组变量被称为这个客体的可控制变量（图5.1）。通过可观察变量，人们对客体进行观察，了解客体的存在及其变化，认识客体。通过可控制变量，人们对客体实行控制，创造使客体变化的条件，改造客体。此外，通过主体和客体的反馈耦合，在客体被认识和改造的同时，主体的精神活动也被认识和改造。因此，人们的实践活动，从根本上来说都可以表示为主体和客体之间的反馈耦合，都可以用可观察变量和可控制变量来描述。

图5.1

对于一个客体，我们用一组可观察变量和可控制变量构成的系统来描述它。这个客体系统也就是一个黑箱。在这里，系统和黑箱是两个等价的概念。为什么要叫黑箱呢？黑，意味着一些未知的东西。关键也就在这个问题上。我们知道，客观事物是复杂的，在人们认识的一定阶段，任何客体总有许多情况是我们还不了解的，任何客体也总有许多变化是我们还不能控制的。也就是说，任何客体除了可观察变量和可控制变量之外，还有一大批尚不可观察和尚不可控制的变量。正是从这个意义上，控制论把一个客体称为黑箱。

控制论认为，认识客体黑箱有两种不同的方法。一种叫不打开黑箱的方法，一种叫打开黑箱的方法。

不打开黑箱的方法就是不影响原有客体的黑箱结构，通过研究黑箱外部的输入、输出变量，推理黑箱的内部情况，探求黑箱的内部结构。而打开黑箱的方法，则要通过一定的手段来影响原有客体黑箱，直接观察和控制黑箱的内部结构。例如一只手表，它的分针和时针的运动有某种联系。所谓不打开黑箱，就是从外部观察长针和短针的运动，寻找它们运动的规律。或者去拨动柄轴，输入一定的变量，观察长针和短针运动的关系。通过这些观察，来寻找变量之间的约束，构想它们之间的联系机制。而打开黑箱呢？干脆把表壳打开，直接观察手表内部的齿轮转动，研究长针和短针之间的联系。显然，这是两种完全不同的方法。我们打开表壳，原来一些不可观察和不可控制的变量成为可观察和可控制的了。由于增加了新的可观察和可控制变量，原有的黑箱就发生了变化。原有的系统增加了新的变量，就形成一个新的系统，也就是构成了一个新的黑箱。

不打开黑箱和打开黑箱这两种方法都是人们经常要用到的。不但对于研究表针运动这样简单的问题，对于一些更复杂的问题，也是如此。我们来分析一个遗传学方面的例子。

19世纪60年代，奥地利神父孟德尔用豌豆做了一些实验。他把具有不同性状的豌豆进行杂交，然后观察杂交豌豆下一代的性状。孟德尔仔细地记录、统计了他的实验结果后，提出了一种假说。他认为，豌豆的性状是由某些"因子"控制的。例如，关于种子颜色的一种因子将使种子长成绿色，另一种因子则使种子长成黄色。这些"因子"，也就是后来生物学家所称呼的基因。孟德尔发现，每一个豌豆植株的每一个特征都由一对因子来控制，其中从父本和母本各传来一个。基因有显性和隐性的区别，由基因控制植株的性状。尽管孟德尔假设了关于基因的种种性质，但基因究竟是什么东西，孟德尔并不清楚。他一辈子也没见过基因，他所观察到的只是豌豆的性状，诸如种子和花的颜色、茎的高矮等等。显然，孟德尔所使用的是一种典型的不打开黑箱的方法。豌豆的遗传机制对孟德尔来说就是一个黑箱，这个黑箱的输入是父本和母本的性状，这些性状是可以控制的，也就是可以由实验者选择的。这个黑箱的输出则是杂交后子代的性状，这些性状是可以被观察到的，由输入、输出的性状变量组成了一个系统。而基因对孟德尔来说是尚未被观察到也尚未能加以控制的变量，它在遗传黑箱的内部。孟德尔只是通过对黑箱外部输入、输出的分析研究假定了基因的存在。这种根据黑箱外部的输入、输出而提出的关于黑箱内部情况的假定，在控制论中称为模型。

通过建立模型，人们解释了黑箱的输入和输出之间为什么会具有这种或那种联系。模型只是一种假设，它不一定表示黑箱内部的实际结构。人们利用模型来研究黑箱，总结黑箱的变化规律，控制黑箱。这只是认识的一个阶段。

随着人们观察手段和控制手段的进步，一个黑箱原来未能观察到的变量可能成为可观察变量，原来不能控制的变量也可能成为可控制变量，我们预先提出的模型被证实或部分证实了，这时候我们说，原来的那个黑箱被我们打开了或部分打开了。以关于遗传机制的研究为例，20世纪初，不少生物学家发现，孟德尔的基因与在显微镜下看到的细胞染色体有联系。生物细胞中的染色体和基因一样，成对存在，一个来自父本，一个来自母本。美国生物学家摩尔根（Thomas Hunt Morgan）和他的同事通过对果蝇连锁的遗传性状的研究，成功地推断出控制遗传性状的基因在染色体上的相对位置，从而作出了果蝇的基因"坐落图"。一对果蝇染色体里至少有1万个基因，而一对人的染色体里可能含有2万至9万个基因。正是这些染色体上的"等位基因"决定了生物的性状。摩尔根关于果蝇的遗传的研究使其获得了1933年的诺贝尔生理学或医学奖。如果我们把摩尔根的工作与孟德尔做一个对比，可以发现，孟德尔的黑箱被摩尔根打开了，摩尔根所观察和控制的不仅是生物的性状，他还观察了生物染色体上基因的位点。

从认识的角度来看，一方面，打开黑箱标志着人们认识的深化。人们在打开黑箱后，发现了新的变量。这使得不打开黑箱时所发现的变量之间的联系，从黑箱内部得到了解释。新变量提供了原有变量之间联系的联系，使人们能够更精确、更本质地探讨黑箱的变化规律性。另一方面，打开黑箱增强了人对黑箱的控制能力。人们获得了新的控制手段，能够从原有黑箱的内部来控制黑箱的变化。

　　但是，打开黑箱是相对于原来那个黑箱而言的。一旦我们打开了一个黑箱，发现了一批新的变量，一个新的黑箱也就形成了。打开黑箱只意味着我们对黑箱的性质有了新的了解，我们认识和改造事物的能力增强了一些。但在人类认识的任何一个阶段，我们不可能通晓事物的一切内在联系，还有许多变量是我们依然无法观察和控制的。更精确地说，打开黑箱在任何场合只是打开了黑箱的某一个层次。客观事物的黑箱总是一层套一层的，永远不会完结。摩尔根发现了性状和染色体上基因位点的联系，我们说他打开了黑箱。但染色体又是一个黑箱。染色体的物质基础是什么？为什么染色体能够控制性状？对这些问题，摩尔根也不清楚。摩尔根以后的生物学家对此继续深入研究，发现了基因通过酶起作用，发现染色体中决定遗传的物质是脱氧核糖核酸（DNA），进而又发现脱氧核糖核酸的分子结构和遗传密码。这样，黑箱一层又一层地被打开了。

　　人们打开了一层黑箱，又得和新的黑箱打交道。在人类认识的任何阶段，人们总得研究一些未被打开的黑箱。因此在任何时候，人们总得采用一些不打开黑箱的方法来研究问题，解决问题。

　　有些人认为，只有打开了黑箱，才算真正认识了黑箱，在打开黑箱之前，仅仅从黑箱的输入与输出来研究黑箱，并根据输入、输出之间的关系来建立黑箱内部结构的模型，这些都不算对黑箱的认识。持这种观点的人没有看到，我们的主体认识与客体之间归根结底是通过输入、输出相互联系的。从本质上来说，我们只能通过黑箱的输入、输出变量来认识黑箱、改造黑箱。因此，采用不打开黑箱的方法在人类认识的任何阶段都不失为一种重要的实践手段。

与打开黑箱的方法相比，不打开黑箱的方法具有简单易行、不破坏黑箱原有结构等优点。因此，在以下几类系统的研究中，这种方法就显得特别重要：

（1）某些内部结构非常复杂的系统。这类系统被人们称为特大系统，又叫特大黑箱。它们的内部不但变量众多，相互关系也错综复杂，我们即使打开了黑箱，也往往只能从某一个局部来观察它们。采用不打开黑箱的方法，反而有利于人们从整体、综合全局的角度来考察问题。

（2）至今为止，人们所拥有的手段尚不能打开的黑箱。例如我们要研究地球内部的构造，但迄今还不能直接观察地心深处的情况，我们用钻机打洞的办法，充其量只能取到地下几十千米处的岩层样品，这对于半径6000多千米的地球只不过触及了一点皮毛，地球是一个远未被打开的黑箱。那么人们是怎么知道地球深处有地幔、地核等构造的呢？原来人们是通过地球表面的一些输入、输出的变量来研究地球的，如地磁、地电、地变形、地球化学、超声波等。人们通过观察和分析这些变量数据，建立了关于地球深处情况的模型。这是一种典型的不打开黑箱的方法。

（3）人类在某一阶段掌握的、某一类打开黑箱会严重干扰本身结构的系统。例如生物体就是这样的系统，生物体是活生生的有机体，它的内部各部分有严密而复杂的组织。目前为止，我们打开这类黑箱的办法主要还是解剖。一旦我们采用解剖的方法把黑箱打开了，这个黑箱的结构就会受到严重的破坏，我们所观察到的内部结构与黑箱未被打开时可能大不相同。

当然，我们不否认随着科学的进步，人类总有一天会找到打开生命系统、大脑等黑箱的新手段。但在没有新的打开手段之前，采用不打开黑箱的方法来研究，显然会有独特的长处。

科学史上有一个非常生动的例子，可以说明黑箱方法的意义。著名生理学家巴甫洛夫是怎样研究大脑的？比如研究狗的视觉，狗是通过区分不同的颜色（不同波长的光），还是通过区分光的亮度，来辨别周围事物的呢？显然，到目前为止我们只能用不打开黑箱的办法对其进行研究，因为我们采用现有的打开手段，即便打开了狗的大脑，也无法了解狗是怎样看见事物的。

巴甫洛夫想了一个办法。他把给狗看不同颜色或同一颜色但亮度不同的东西看作对狗的大脑的输入，把狗的唾液分泌情况看作其大脑的输出，并通过一定的喂食训练，用条件反射原理建立输入与输出的联系。结果他发现，在不给狗食物的情况下，给它看不同颜色的东西时，它的唾液分泌紊乱，不能按照原先建立的条件反射来分泌一定量的唾液。这说明，狗不能区别不同的颜色。而给它看同一颜色但亮度不同的东西时，唾液分泌量是有规则的，可以按原先建立的条件反射来分泌唾液，而且这种区分能力比人敏感得多，达到0.001烛光的精确度。可见狗是色盲的，它是通过区别外界事物的发光亮度来"看见"事物的。在狗的眼里，外界事物只是一幅黑白相片，而在我们人的眼里，外界事物是一幅五彩缤纷的图画。很明显,这里巴甫洛夫采用了不打开黑箱的研究方法(图5.2)。

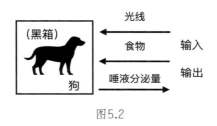

图5.2

5.2 认识论模式

无论是不打开黑箱的方法,还是打开黑箱的方法,它们都是主客体耦合并互相作用的一种方式。它们互相依存,对人类认识自然黑箱中的不同环节,都是不可缺少的。一般说来,运用不打开黑箱的方法,大致对应人们根据黑箱已知的输入和输出建立模型、提出假设的阶段。而打开黑箱则更多地对应证实模型、验证假设的阶段。这两个阶段交替进行、缺一不可。因此,我们可以用模型的提出、检验、修改、再检验等循环过程,来概括人类认识黑箱时交替运用打开黑箱和不打开黑箱的方法,使主观认识不断逼近真理过程。如果我们把自然界看作一个大黑箱整体,那么,从广义上说,黑箱模型包括作为主体的人对客观事物到目前为止的一切认识、理论、定律、假设、计划、方案、思想……

那么,模型是如何建立起来的呢?它又是怎样深化、改变的呢?这个问题实际上等同于人们如何认识客观事物,如

何认识客观真理，回答后者也就等于回答了认识过程是如何
进行的这个认识论的根本问题。在本章中，我们将运用控制
论的一些基本概念来研究主体和客体的耦合过程，揭示人类
认识黑箱的一般运动规律。

　　关于认识过程，人们曾经提出过许多模式。20世纪30
年代，《实践论》提出了一个著名的认识过程模式，这就是
"实践—理论—实践"的反复循环。也就是说，人不可能一
下子认识到客观规律，只能通过不断实践来修改我们的主观
认识，使我们的认识不断逼近真理。如果从主客体反馈耦合
的角度来分析一下上述认识模式，可以发现，"实践—理
论—实践"的反复循环正好相当于控制论的负反馈调节原
理。这一认识结构模式我们可以表示为图5.3。

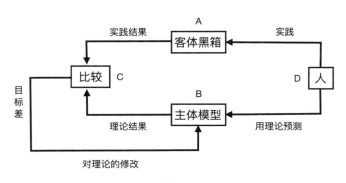

图5.3

　　图中A表示客观存在，即黑箱。B表示人的主观认识，
即模型。一开始，人们的主观认识不一定符合客观实际，甚
至可能相差很远。人们不断地去实践，不断地把从理论中得

出的预期结果（B的输出）和人们实践的结果（A的输出）加以比较。如果理论结果和实践结果有差距，那么就需要我们修改自己的主观认识，使理论结果和实践结果之间的差距缩小。这样只要我们不断实践，不断比较，不断修改主观认识，不断使理论结果和实践结果之间的差距缩小，我们就能保证自己的主观认识不断地逼近客观真理。显然，"实践—理论—实践"的循环模式反映了人们用负反馈调节原理、认识真理的过程。只要有这种调节机制存在，无论一开始的理论是多么粗糙，和实际相差多远，它都可以通过不断修正自己而逼近真理。读者可以发现图5.3实际上是图5.1的精确表达。图5.3中D、B、C都是属于图5.1的主体部分。图5.3相当于把认识主体分解成为能动精神、知识系统和鉴别系统3个子部分。

从20世纪40年代开始，反馈调节的一般性原理被科学家逐步揭示出来。今天，科学家对反馈调节的研究已经很透彻了。因此，运用控制论的成果，为我们进一步深入揭示认识过程的规律提供了工具。

我们在第一章和第三章已谈到过反馈调节规律。其中最重要的成果之一，是指出任何反馈调节系统要顺利地逼近目标都是有条件的。如果反馈结构中存在着某些问题，可能出现两种新情况。一种是系统长期停留在远离目标的错误稳态中，不论怎样调节，系统都离不开稳态，不能逼近目标。另一种可能是，系统不但不能逼近目标，而且还可能在目标值附近左右摇摆，形成振荡。这一成果对认识论极为重要，因为它指出，只有具备了一定条件，人们的认识才能通过"实践—理论—实践"的过程逼近真理。这也是为什么在实际工作中，有时候看起来我们在不断实践，并且不断修改我们的主观认识，但结果还是停留在一个错误的圈子里，或者忽左忽右，从一种错误跳向另一种错误，不能正确地认识客观对象。

我们试图从5个方面来分析"实践—理论—实践"模式成立的具体条件：可观察变量和可控制变量的限制；理论缺乏清晰性；认识速度跟不上客体变化速度；反馈过度；可判定条件不成立。下面我们来分别讨论。

5.3　可观察变量和可控制变量的限制

为了保证我们的认识能够不断地逼近客观真实，我们必须首先要具备一定的实践手段。这反映在认识结构图中，就是指人必须能够通过某种方式对客体A施加输入变量，进行控制；同时也要能够对客体A的输出进行观察，了解客体的变化结果。如前所述，它们可以用客体黑箱的可观察变量和可控制变量来表示。

可观察变量和可控制变量反映了人类实践活动的深度和广度。无论采用不打开黑箱的方法还是打开黑箱的方法，人们掌握的可观察变量越多，表示人们对自然界的了解越多。掌握的可控制变量越多，表示人们改造世界的能力越强。显然，人类认识真理首先和掌握这两类变量的程度有关。科学史表明，人类对自然界认识的每一个划时代进展都和开拓一批新的可观察变量、可控制变量有关。伽利略把当时刚发明的望远镜指向夜空，天文学就在16世纪开始了革命性的发展。19世纪光谱分析出现以前，绝大多数人认为别的星球上的物质组成是我们不可能知道的。光谱分析技术的发明，使天体物质的组成成为可观察的变量，从而开始了天体物理和天体化学的发展。高能加速器使人类在微观世界的控制范围扩大，有了它，人们才能建立并验证各种各样的基本粒子理论。随着科学技术的进步、生产力的发展，客体的可观察变量和可控制变量的数目越来越多，范围越来越大。但在一定的条件下，在一定的历史时期内，客体的可观察变量和可控制变量受到人们生产水平和实践手段的限制。这种限制也必然会影响到人们对客观真理的认识。

科学史上有许多事实证明，在客体的可观察变量和可控制变量被限制在某一水平之内，无论人们怎样进行"实践—理论—实践"的反复循环，都不能使认识进一步逼近真理。在一定的实验手段范围和精度内，尽管人们反复实验，反复修改理论，充其量也只能使理论与所做的实验结果相符合。但这种反复并不促成理论向客观真理的逐步逼近。17世纪，化学家、生理学家海尔蒙特（Jan Baptist van Helmont）做了一个实验，他在称量过的土上种了一株柳树，每天浇一些称量过的水。5年之后，这株柳树的重量增加了约74千克，而土质的损失仅仅为约0.06立方分米。他因此得出结论，认为柳树的新物质差不多全是由水组成的。显然，这个理论是错误的。当时空气中的成分既没有被发现，也没有用于发现植物通过光合作用吸收空气中CO_2的技术手段。从今天的角度来看，建立模型所必需的一些基本变量，如果只有柳树、水和土壤的数值是可观察变量和可控制变量，其余都不在观察和控制的范围之内，那么，即使海尔蒙特把实验做得再精确，实验的次数再多，也不能得出正确的结论。

1821年，爱沙尼亚的物理学家塞贝克（Thomas Johann Seebeck）用两个不同导体组成闭合电路。他发现，当两个导体的接头处存在温度差时，导体附近的磁针会发生偏转。塞贝克认为，这是温差引起了磁化现象，并据此来解释地磁现象，认为地磁由赤道和两极的温差造成。现在我们知道，塞贝克错了。两个不同导体接头处的温差使导体产生了电流，电流产生的磁场才是引起磁针偏转的原因，磁场和温度差之间没有直接的联系。在塞贝克所做的实验条件下，电流是一个不可观察和不可控制的变量。因此在塞贝克实验的限度之内，无论怎样重复实验，无论怎样修改理论，都不会找到磁场产生的直接原因。在这个限度之内，人们也无法判断"地磁由赤道和两极温差引起"这一理论的真伪。丹麦物理学家奥斯特（Hans Christian Oersted）证明，在导体中有电流通过时，导体附近的磁针会偏转，电流是产生磁场的原因。这一突破使电流在磁场形成的过程中成为可观察和可控制的变量，并解释了温差和磁场之间的关系。

宇称守恒定律的发现更进一步说明人类的实践手段和理论检验之间的关系。20世纪50年代初，李政道和杨振宁提出宇称在弱作用条件下不守恒。如果这一学说早提出30年，也许它不会被接受，因为它不能用实验证明。吴健雄为了证实宇称在弱作用下不守恒，要把钴60原子整齐排列起来，使它们的自旋平行。这需要高超的控制技术，把原子完全"冻住"，几乎没有热运动。这依赖于超低温技术。如果人们不具备这种控制和观察钴60原子自旋平行的技术，新的理论就不能有效地被实践检验。

　　如果客体的可观察变量和可控制变量总是停留在一个水平上，那么理论就只能在原有的一批可观察变量和可控制变量的范围之内得到检验。在人类社会发展的一定阶段，人们掌握的可观察变量与可控制变量在总体上取决于那个时代的生产力水平，包括科学技术水平。所以人们对世界的认识总和一定时期的生产力发展水平相适应。在一定时期内，不管认识者的才能多高以及"实践—认识—实践"多少次，他们都不能超出这个时代所决定的可观察变量与可控制变量的局限。那种忽视实践所采用的方法，是十分有害的。这种限制的条件下，尽管主客体之间的反馈依然不断进行，但整个认识系统停留在旧有的稳态结构当中。

　　由此可见，人们的认识要不断逼近真理，理论要在实践的检验中不断发展，要求人们的实践手段不断更新，使可观察变量和可控制变量的数目和范围不断扩张。

5.4　理论的清晰性

　　要使我们的主观认识能够通过"实践—理论—实践"的负反馈调节不断逼近真理，对模型有一个最基本的要求，即模型本身要具有清晰性。一个模型，或者说一种理论，不论是否正确，只有具备了清晰性，才能在"实践—理论—实践"的反馈中不断得到修正而逼近客观真理。也就是说，一种理论只有具备了清晰性，才是可以被检验的。

那么，什么叫模型或理论的清晰性呢？从反馈实践的结构图可以看出，我们用一定的实践手段对客体施加影响，观察客体的变化结果，同时，我们也对理论（主体模型）提出相应的判断性输入，根据理论得出某种预期结果。所谓检验，就是用理论的预期结果与客体的实际变化结果相互比较，找出它们之间的差距。根据这一差距来修改理论。因此所谓理论的清晰性，用现代科学的话来讲，就是理论要给出一定的信息量。预期结果只有具备一定的信息量，才能与客体变化的实际结果相比较，才是可检验的，否则就无法检验。例如天气预报，根据某种预报理论，我们得出"明天要下雨"的预期结果，这一预期结果就具有一定的信息量。如果明天天气的实际情况是下雨了，就证明预报正确，没下雨就证明预报错误。如果天气预报说"明天可能下雨，也可能不下雨"，那么预报、不预报都没有意义。根据信息量计算法则，这个预报的信息量为0，人们并没有从这种预报理论中获得任何信息，无论明天下雨还是不下雨，都无法检验这一理论是否正确。这个理论就不具备清晰性。

清晰性也包含了理论所规定的条件和某些统计的结果。客观事物的变化是有条件的，不同的条件下会有不同的变化结果，有的事物的变化结果具有概率性，体现统计的规律。这都不妨碍理论的清晰性。理论只要明确指出在什么条件下事物这样变化，什么条件下那样变化，指出事物变化的各种可能性是多大，理论就给出了一定的信息，这些信息量都是可计算的。

　　科学上最忌讳的是那些不具备清晰性的理论，那些浑浑噩噩、似是而非、模棱两可的理论，那些看起来包罗万象、面面俱到但实际上不着边际、什么问题也说明不了的理论。这类理论不提供任何信息，总用一套让人摸不着头脑的规范性语言去套用，例如"既是好事又是坏事""既变又不变""既存在又不存在""既同一又不同一"……弄得人晕头转向。如果用实践去检验，不管实践的结果是什么，它们都不会错，也不会不错。无法判定真伪，也就是不具备可检验性。因而也就不能通过"实践—理论—实践"的模式得到修正。以这种形式出现的理论，甚至还不如虽然完全不对但表述清晰的观点，因为后者无论如何是可以得到实践的检验的，是可以通过修正而不断发展的。

　　实际上，泛泛地谈论理论要用实践来检验是不够的，重要的是理论首先要具备清晰性，要能够为实践所检验。对比古代中国的科学理论和西方的科学理论，我们可以发现一个明显的差别，这就是不管西方科学理论是正确还是谬误，它们的观点和结论都相当清晰。比如托勒密的地心说，就地球是宇宙中心这一点十分明确。盖伦的血液运动潮汐说，明确提出血液自肝脏产生，通过心脏和动脉、静脉流到全身被吸收。燃素说明确指出燃烧是物质失去燃素的过程。这些理论虽然错误，但都十分清晰，因而它们都是可检验的，也是可以修正的，为日后提出正确的理论奠定了基础。哥白尼从大量天文观测的事实来证明地心说的错误，提出日心说。哈维通过一套实验和计算来证明盖伦学说的错误而提出血液循环理论。拉瓦锡则用天平来称过燃烧后物体的重量后指出燃素说的错误。我们可以设想，如果亚里士多德没有明确提出"重的东西落得快，轻的东西落得慢"的结论，伽利略也许不会发现这种说法自相矛盾。正因为亚里士多德和伽利略的落体理论都具有清晰性，因而它们能够通过实验来加以检验。

模棱两可、不明确，是中国古代科学理论的一个大弱点。浑天说虽然有大地是球形的思想，许多学者深信浑天说，唐代僧人一行等天文学家还测量过子午线的长度，但他们从来没有想明确说大地是一个球体。虽然不少人有地动的思想，但这些思想从来没有表述成哥白尼日心说那样清晰的理论。这种风格甚至表现在数学领域中。数学是一切科学中最要求严格性和清晰性的学科。中国古代数学虽然发达，但从来没有发明过记录公式和符号的方法，数学主要是用文字陈述的，而中国的文言文字既不易也不能表达明确的数学概念。中国古代数学在解方程方面举世领先，但中国数学家在方程中连等号都没有引用，并且计算只写最后结果，没有中间步骤。大约中国数学家认为把一个深奥的思想用简单的符号清晰地表述出来，都是对思想本身的伤害。

在这方面，奥地利哲学家波普尔于20世纪中叶提出的证伪主义科学观中，有许多东西值得我们借鉴。[1]波普尔提出一

---

[1]　在20世纪80年代，证伪主义一度成为思想解放的利器，"理论是否可以证伪"被视作判别科学和伪科学的试金石，本书对证伪主义的分析也是这一时代潮流的组成部分。但本书作者之一金观涛后来逐渐意识到证伪主义并不能清楚给出科学与伪科学的界限，反而可能走向非理性主义，相关论述参见金观涛：《奇异悖论——证伪主义可以被证伪吗？》，《自然辩证法通讯》1989年第2期第1—10页。

种理论的科学性标准是可证伪性。他认为科学是一组旨在精确陈述或解释宇宙某方面行为的推测性假说，但不是任何假说都是科学。如果假说要成为科学的一个部分，就必须首先满足可证伪性这个基本条件。

什么是可证伪性呢？波普尔认为，如果一个假说中存在一个或一组在逻辑上与该假说可能互相抵触的观察陈述，那么这个假说是可证伪的。比如"所有的物质遇热膨胀"这一假说就满足可证伪性。与这一假说在逻辑上可能抵触的观察陈述是存在的，如"某物质遇热不膨胀"。又比如"所有行星以椭圆轨道绕日运动"这一假说也满足可证伪性，相应地，在逻辑上与之可能互相抵触的观察陈述是"某行星不以椭圆轨道绕日运动"。可证伪性是一个先决条件，只有满足了这个条件，理论才能够在实践中得到检验。一旦与之抵触的观察陈述在实践中被证明为真，那么就可证明那个理论为假，而被实践否定。如果与之抵触的观察陈述在实践中未被证明为真，那么那个理论就应当受到更严格的检验。

也许有人会认为可证伪性是一个很简单的条件，是任何假说都可以满足的。其实不见得。有的假说就不具备可证伪性。比如"明天下雨，或者不下雨"，这个假说就不具备可证伪性。因为没有一个逻辑上可能的观察陈述能与之抵触。不管我们说什么都不能否定这个假说。又比如"在欧氏几何的圆周上任何一点与圆心等距"，这个假说也不具备可证伪性。因为欧氏几何中圆的定义就是与圆心等距的点的轨迹，这个假说是同义反复，也不存在与之抵触的观察陈述。不具备可证伪性的假说或者不能在实践中得到检验，或者不具有任何价值。无论实践的结果是什么，它们都不会错，也不会不错。它们对于世界有什么样的性质、以什么方式行动，没有告诉我们什么，没有提供任何信息，因此也就不能算是科学。

　　理论的清晰性和波普尔提出理论的可证伪性是一致的。理论只有具备了清晰性才能够被证伪。从本质上来说，清晰性和可证伪性都要求理论给出信息。在图5.3的认识结构模式图中，如果一个主体模型是可证伪的，那么当我们对这个模型施加一个判断性输入时，这个模型就可以给出一个清晰的结论，也就是给出有信息量的输出。这个清晰的结论可以与实践的结果相比较而得到目标差。人们正是根据理论结果与实践结果的目标差来修改模型的，修改以后的模型将使目标差变小，使理论结果更接近实践的结果。这意味着人们认识的进步。如果一个模型、一个理论不具备可证伪性，那么模型就不能给出有信息的输出。这意味着不管实践的结果是什么，理论结果与实践结果都无法进行比较，也无法找到目标差。没有目标差也就等于失去了进一步修改模型的依据，人们的认识就成了一个僵死的东西，永远也不会进步。因此波普尔关于"一个不具备可证伪性的假说不能成为科学"的观点是完全有道理的。

5.5　模型逼近客观真理的速度

　　客观事物是在不断变化的，人们的主观认识也得跟着推移而转变，使之适应新的情况变化。但在很多情况下，人们的思想跟不上客观事物的变化，其原因并不是人们轻视实践，没有用"实践—理论—实践"模式使自己的主观认识逼近客观真理，而是由于反馈调节速度跟不上客体变化的速度。

要知道梨子的滋味，就得亲口尝一尝。不过这有一个条件，就是梨子的滋味必须有一定的稳定性，不会轻易变化，如果我们拿了梨子，还没有削好皮，梨子的滋味就变质了，那么不管我们怎么尝，还是无法知道梨子的滋味。当然，对于梨子，这样的事不会发生，因为梨子的滋味不会变得这么快。但在别的场合，就不一定了。例如在炼钢生产中，钢水成分的变化速度很快，要准确地控制钢的成分，必须迅速地取得炉内钢水成分的数据。因此在炼钢厂高炉前分析数据的化验员是十分紧张的，一勺样品取出，常常在一两分钟之内就要报出数据。炉前技术员则要迅速采取相应的控制措施。时间一长，炉前分析就毫无意义了。

随着科学技术和大工业生产的发展，人们越来越多地和变化速度很快的控制对象打交道。现代轧钢机的速度很快，火车运行也在不断提速。因此，如何尽快取得客体的观察数据，尽快修改模型，尽快实行控制的问题就十分突出。在这方面，人们进行了许多研究工作。科学家指出，要使一个反馈调节有效，反馈调节的速度必须大于客体变化的速度，否则就会在调节中发生振荡现象，从一种极端走向另一种极端，不能达到有效控制的目的。显然，这一原理对于我们研究"实践—理论—实践"反馈模式十分重要。它说明要正确地认识客观事物，不但要求我们不断地进行"实践—理论—

实践"的循环，而且规定这一循环要有一定的进行速度，这个速度至少不得小于客体的变化速度。《吕氏春秋》中有一个故事，说有一次楚国去进攻宋国，军队必须渡过滩水。楚国先派人去测了一下滩水的深度。探子说滩水很浅，军队完全可以涉水过去。探子刚刚调查完毕，山洪暴发，滩水猛涨，结果军队涉水过河时，淹死数千人，造成军事行动的失败。从认识论上总结一下，这个故事的教训是很深刻的。它告诉我们，在实践中必须注意"实践—认识—实践"的速度。楚人之所以失败，就是因为未能及时获知客观情况的变化，并根据这种变化来改变自己的决策。

为什么说反馈调节速度小于客体变化速度，就会带来认识过程中的振荡现象，导致从一种极端走向另一种极端呢？我们来举一个经济学方面的例子。在计划经济中，计划部门是根据生产部门、商业部门的报表来制订生产计划的。但由于统计机构与计划机构的效率所限，制订计划的速度往往跟不上市场上需求变化的速度，这就会出现经济行为的振荡现象。例如某个阶段市场上电风扇供不应求，由于市场短缺情况反映到生产计划系统，再由计划系统搞综合平衡，常常需要相当长的时间。进而导致生产部门未能及时反应，这种短缺情况长期得不到解决。等到生产部门大量增产、转产电风扇时，市场的需求可能变了，已不需要那么多电风扇，造成积压现象。这一信息又不能及时由商业部门传递到生产部门，致使积压越来越多。等积压的信息再转化为生产部门的调节措施，市场可能又发生了新的变化。这样，尽管人们的计划从实践中来，并且回到实践中去，但由于认识和控制的反馈速度太慢、反应迟钝，总是落后于客观实际的变化，就往往由一个极端跳跃到另一个极端，不能与实际很好地符合。

对于现代科学的某些研究和大工业生产，认识客体的变化速度在不断加快。在这样一个高速度的世界面前，单凭人们加快自己的认识速度已经无法达到要求。电脑的出现为人类认识自然和改造自然带来了新的革命，其中一个很主要的原因是电脑有极快的运算能力。电脑可以在很短的时间里根据所获得的信息建立起客体的模型，并且不断地把从模型推出的结果和实际情况加以比较，根据比较结果又迅速修改模型。因此运用电脑可以准确地认识自然界那些迅速变化而且变化过程相当复杂的事物。在这方面，人类对天气变化规律的认识是一个明显的例子。古人云，天有不测之风云。风云之所以不可测，常常是因为气象学家从获得观察数据、建立模型到做出预报，并根据预报和事实符合程度修改模型，需要相当长的时间。在做出预报之前，天气情况可能早就变了。认识速度跟不上天气变化速度，是长期以来天气预报不准确的重要原因。1910年，英国数学家理查森（Lewis Fry Richardson）通过大量计算预报了伦敦6个小时内的天气情况，但结果与预报严重不符。事后总结时，他认为，并不是计算方法有问题，而是运算速度太慢。时至今日，由于大型电脑的出现，预报只需要几分钟时间就可做出，气象预报准确程度被大大提高。

增加"实践—理论—实践"这一循环的速度，可以大大提高实践活动的效率。很多时候，即使认识对象比较稳定，变化速度不快，反馈逼近速度也是十分重要的，尤其是对于那些复杂的认识对象。因为一个认识过程拖得越久，在实践过程中碰到的干扰也就越大。摩尔根之所以能发现染色体携带基因，和他注重"实践—认识—实践"的速度是分不开的。我们知道，利用生物杂交繁殖来研究遗传规律时，"实践—理论—实践"的速度直接和生物的繁殖周期长短有关。孟德尔用豌豆做试验，他至少要1年后才能观察到杂交的结果。摩尔根为了提高实践的效率，曾经试过多种生物。他要寻找一种繁殖周期短，在实验室中便于控制和观察的生物。他试过白鼠、老鼠、鸽子甚至蚜虫，最后才找到果蝇。果蝇的生命周期只有10天，一年中可以传30代，而且性状便于观察，干扰少。这样，摩尔根大大提高了"实践—认识—实践"的速度，开创了遗传学研究的新纪元。20世纪30年代，遗传学家比德尔（George Wells Beadle）和塔特姆（Edward Lawrie Tatum）曾学习摩尔根用果蝇做实验，最初他们的结果没有超出摩尔根的预期。后来，他们改用红色面包霉做实验。红色面包霉的生命周期更短，"实践—认识—实践"速度又一次大大加快，并且取得了新的可观察变量和可控制变量，他们终于发现了基因和酶之间的联系，使遗传学有了生物化学的根据。

5.6　反馈过度

人们的认识常在错误中振荡的另一个原因是反馈过度。我们知道，导弹击中飞机是依靠负反馈调节实现的。

虽然飞机为了使自己不被击中，总是不断地改变自己的飞行方向，但导弹中有一个调节装置，可以不断地把飞机每一时刻的实际位置和导弹的实际位置进行比较，两者有差距时，调节装置就根据这个差距改变导弹的飞行方向，使差距不断缩小，直到击落飞机为止。这一负反馈调节如果搞得不好，就会出现故障，发生振荡现象。例如某一时刻导弹的探测系统发现自己的飞行位置在飞机的左边，导弹的调节装置根据这一信息调整飞行方向，使导弹向右飞行。但如果方向调整得不够精确，一下子偏过了头，就会跑到飞机的右边。探测系统发现导弹的位置在飞机的右边，调节装置会根据这一偏差重新调整导弹航行方向，使它向左飞行。如果方向调整得还是不够精确，偏过了头，导弹又会跑到飞机左边……就这样，导弹虽然运用了负反馈调节原理，不断比较自己的位置和飞机的位置，不断修改自己的航向，但每次不是偏左就是偏右，总在目标左右摇摆，不能顺利地逼近目标。显然，这样的导弹无法击中飞机。负反馈调节出现的这种振荡现象是什么造成的呢？如果我们检查一下导弹，它的探测系统和飞行装置都没有什么毛病，问题出在控制装置中，控制装置接到探测系统发现的位置信息后，每次都做了过度调节，从而形成振荡。这被称为反馈过度现象。

　　现代科学指出，任何负反馈调节系统如果出现反馈过度，都会从一个逐步逼近目标的稳定过程转化为振荡过程。神经生理学指出，人的肌肉的有目的运动都是靠一系列反馈来进行的。比如用手去拿一件东西，人的手靠眼—目的物—手—大脑之间的反馈调节，不断逼近目的物。如果人的神经系统受到损伤，使得每一次调节都做出过度反应，就会形成振荡，手在目的物周围摆来摆去，拿不到东西。这种振荡在医学上称为目的性震颤，是小脑受损而出现的一种病征。

在第三章我们曾经研究过不稳定和周期性振荡现象，我们曾经指出，那些相互作用过分强烈的系统往往会发生振荡。

类似的现象不仅发生在无生命和有生命的自然界，也发生在人们的认识过程中。虽然导弹、人体运动和人们的认识过程属于不同的运动层次，它们运动规律的复杂程度大不相同，但作为负反馈调节系统，它们具有一些共同的规律。在导弹的例子中，需要逼近的目标是飞机；在手的运动中，逼近的目标可能是一只杯子；在认识过程中，逼近的目标则是客观真理。如果在逼近过程中出现了反馈过度的现象，不管系统的运动属于哪一层次，都会发生振荡。这对于"实践—理论—实践"模式也不例外。我们在用实践检验理论的过程中，发现了理论不符合实践结果的偏差。自然必须通过修改理论来使之符合客观实际。但如果在修改理论时反馈过度，也就是说对理论做出过度的修改，就会发生认识过程的振荡现象，使我们的认识从一种极端走向另一种极端，从一种片面性走向另一种片面性。

科学史上一个著名的例子是物理学中对光的本质的认识。17世纪，物理学家根据光的直线传播、折射、反射等实验提出微粒说，认为光是一种粒子。随着实践的发展，物理学家发现微粒说不能解释光的衍射、干涉等现象，于是物理学家修改了理论，放弃微粒说，提出了波动说。特别是电磁波发现后，光的波动说得到肯定。到19世纪，微粒说几乎完全被抛弃，物理学家都确信光是一种电磁波了。20世纪初，光压以及光电效应被发现，这是波动说无论如何不能解释的，科学家不得不重新考虑光的微粒说。3个世纪以来，虽然对光的本质的认识在发展，但走过了一段曲折的道路。人们要么抛弃波动说，全盘肯定微粒说，要么抛弃微粒说，全盘肯定波动说。光学在"微粒说—波动说—微粒说"之间振荡。这一振荡直到量子场论对光的本质做出正确的解释才结束。

　　如果说，在历史上人们的认识过程虽然发生了振荡，但总是在振荡中逼近真理的话，那么对于个人的认识过程，反馈过度作为一种思想方法可能使振荡根本稳定不下来。研究者无论怎样修改自己的理论，都不能使它和实践相符合。人们常常因为振荡而在错误中徘徊。尽管有的人一直在实践，一直在修改自己的理论，但从来也没有提出过正确的理论。

　　当然，在人类认识真理的长河中，我们用"实践—理论—实践"逼近客观真理，出现反馈过度是难免的。而且，大多数事物的认识过程都是先经过在错误中振荡，在波浪式的前进中慢慢接近真理。但是，分析波浪式振荡出现的原因，使以后的认识过程少走弯路，是当代科学家和哲学家的重要任务。在这方面，现代科学研究反馈过度产生的原因，以及用以消除振荡的方法，对认识论研究是很有意义的。

非常有趣的是，科学研究指出，认识过程反馈过度或不够准确，与一种叫"可判定条件不成立"的现象有关。下面我们来研究这个问题。

5.7　可判定条件

在运用"实践—认识—实践"这一模式时，我们根据实践结果和理论结果之间的误差来修改理论，使理论不断完善而逼近客观真理。显然，这里有一个大前提：实践结果和理论结果之间的误差，必须要能够反映理论与客观真理的接近程度。也就是说，误差越大，反映理论越不正确；误差变小，反映理论在逼近真理。这个大前提，我们称之为"可判定条件"。

在一般情况下，认识过程中可判定条件是成立的。我们举一个人们认识苯的分子结构的例子来说明可判定条件。早在1825年，英国物理学家法拉第就发现了苯，化学分析表明苯有6个碳原子和6个氢原子。这些原子组成的苯分子结构是怎样的呢？19世纪的德国有机化学家凯库勒（Friedrich August Kekulé）曾经设想苯的结构是$CH\equiv C—CH\equiv CH—CH\equiv CH_2$，根据这一结构，苯应当具备与三键有关的化学性质，而实际上苯的性质并不活泼，理论结果与实践结果差距较大。于是凯库勒修改了他的理论，又提出了一个新的结构（图5.4）。

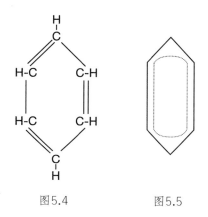

图5.4   图5.5

　　这个环状结构没有三键，比较符合实验结果。凯库勒就得到了初步正确的模型，但是这个模型也不是一点问题没有。模型中有个双键，但是实际上苯并不具备双键的活泼性质。理论结果与实践结果仍然有些误差，模型必须进一步修改。今天，人们认为苯的结构应是，苯分子的6个碳原子不仅形成环，而且形成大 π 键，6个碳原子都是等价的（图5.5），这更符合实验结果。对比上述3种苯结构的模型，人们的认识过程朝向实践结果与理论结果的误差逐步减小的方向发展。误差最小的理论被认为是最正确的理论。

　　那么，可判定条件是不是永远成立呢？不一定。在某些情况下，人们的某一具体认识过程或认识过程的某些阶段，也会出现可判定条件不成立的现象。也就是说，虽然有时候实践证明某一理论有误差，但它可能是正确的。有时候实践证明某一理论误差很小，但它可能是错误的。原因很简单，人们认识自然规律都是在一定生产力、科学技术条件下进行的，可判定条件也只能根据当时人们所掌握的可观察变量和可控制变量，完全可能有不同的判定结果，因此认识过程的某些阶段，完全可能出现可判定条件不成立的现象。我们举一个例子。20世纪20年代，奥地利物理学家薛定谔试图用波动方程来建立氢原子中电子运动的模型。他先考虑了相对论效应，得出一个方程。经过实验验证，这一方程的结果与实验结果误差很大，这使他很失望。过了1个多月，他修改了模型，不考虑相对论效应，得到一个新的方程。这就是今天著名的薛定谔方程。根据这一方程算出的结果与实验结果基本符合。但是，后来人们才发现，并不是薛定谔的前一个方程不对，而是因为当时没有发现电子的自旋，所以实验结果和第一个方程有较大的差距。之后这个方程由别人重新发现，它就是克莱因–高登方程。在描述基本粒子的行为方面，它比薛定谔方程更正确。这个例子说明，在一个具体的认识过程中，与实验不符合的模型并不一定不正确。科学史上有不少这种令人遗憾的例子。科学家常常因为理论与实验结果暂时不符，放弃了许多先进的思想。地球自转的观点之所以长期不能被接受，是因为在惯性定律和万有引力定律发现之前，人们怎么也无法解释地球运动不构成地球上人运动障碍的问题。牛顿发现了万有引力定律，这一定律也差一点被他放弃掉。因为根据当时测量的子午线算出的引力大小与他的理论不符合，以后有了更精确的数据，他才逐渐坚定自己的判断。

可判定条件不成立，给认识过程带来了极大的难题。任何科学家在总结理论的时候，都不可能一下子就提出正确的模型。他要经历一个艰难的摸索过程，要先提出许多假说，将这些假说与实验结果相比，并转来修改假说。可判定条件不成立，科学家将失去修改理论的标准，他将不知道模型应当朝哪个方向修改。这种困难在科学研究中，尤其在那些艰苦的开创性工作中大量存在。科学家经常像盲人摸象一样来寻找真理。这在反馈调节中等于把鹰的眼睛蒙起来去抓兔子，反馈调节变成了一个随机控制，只有抓到兔子，才能停止探索。科学史上，不少有远见卓识的大科学家能甩开可判定条件不成立设下的障碍，即使实验结果并不支持他的新理论，他也不会鼠目寸光地轻易抛弃自己的观点，这往往使他们能远远地超越他们同时代的科学家，或者取得突破性的进展。19世纪非欧几里得几何（后文简称"非欧几何"）被提出时，在现实世界找不到一点它们的物理意义。直到20世纪相对论被提出时，非欧几何才找到了用武之地。

那么究竟是什么力量在发生作用，是什么标准在指导这些科学家绕过层层暗礁而不迷失方向呢？在以实践作为检验真理的最终标准的同时，人们还运用了一些中间标准。这些中间标准和"范式"有关，科学的范式思想由美国科学家托马斯·库恩（Thomas Kuhn）提出后，日益受到国际学术界的广泛重视。

为了说明中间标准怎样在可判定条件不成立时，帮助科学家找到使自己理论逼近真理的方向，我们举几个例子。爱因斯坦为了解释光的二重性，曾提出了引力场的假说。这种假说与现在量子场论的图像类似，成功地解释了光的行为的波粒两重性。但是，这种假说和能量守恒原理相矛盾，它导出的动量与能量仅仅在统计上成立。而爱因斯坦相信能量守恒定律是自然界普遍适用的真理，是真理统一性的表现，因此，爱因斯坦虽然很喜欢自己的引力场假说，但从未发表它，并不重视引力场假说。后来这个问题被薛定谔理论解决。在这里，爱因斯坦对真理统一性和能量守恒定律的信仰，就是一种中间标准，它帮助爱因斯坦在认识真理过程中少走弯路。20世纪20年代，物理学家在研究 β 衰变时发现，原子核放出电子的能量不等于原子核失去的能量。为了解释这一实验事实，科学家提出3种可能的假说：（1）能量守恒定律在这里不成立；（2）能量守恒定律仅仅在统计意义下成立；（3）有一种尚未发现的新粒子，带走了一部分能量，这种新粒子不带电荷，穿透力极强，不易发现。这3个假说在当时实验条件下均不能被检验。当时著名物理学家泡利（Wolfgang E.Pauli）提出并支持第三个假说，这就是中微子假说。结果20世纪30年代中微子被发现了，泡利的预见是对的。泡利之所以敢做出这种预见，也是因为他掌握了正确的中间标准。

这类事在科学史上很多，大家知道，1900年普朗克提出了量子论，认为能量是不连续的。现在我们知道，这是物理学上一个意义重大的革命。但在当时，普朗克量子论与经典力学根本对立，这种对立使新的理论看起来与许多经典的事实不符合，从而显得错误百出。因此新理论并没有给普朗克带来信心。到了1911年，普朗克终于顶不住内心的压力，修改了一部分他在1900年提出的理论。到1914年，他又进一步修改了量子论，认为不论能量发射还是吸收都是连续的。普朗克的倒退说明了什么？说明一个科学家如果只根据眼前的实验事实来修改自己的理论，就可能放弃许多超越同时代人的先进思想。

　　从哥白尼日心说的确立过程更可以说明正确的中间标准对认识论的意义。前几年，一位科学家用一台大型电子计算机对托勒密的本轮说进行研究，得出一个惊人的结论。他发现，运用本轮体系来预测星的方位，只要运用为数不多的本轮，计算结果并不像人们传说那样错误百出。哥白尼日心说算出的结果本质上并不比托勒密学说来得准确。日心说的算法反而更复杂一些。如果从和实验观察符合度来讲，两个模型是一样的。为什么哥白尼的日心说会引起近代自然科学的一场革命呢？有很多人会坚持说，这是因为哥白尼的日心说解释了地心说无法解释的现象，如行星的逆行等。当然，用哥白尼学说可解释的自然现象比用托勒密学说解释的现象来得多，所以哥白尼学说比托勒密学说更接近真理。但这只是历史的结论，在哥白尼时代，甚至直到牛顿力学奠定之前，是不能这样讲的。当时，由于惯性定律和万有引力定律均没有被发现，哥白尼学说甚至和人们的常识相矛盾。实际上，托勒密在提出地心说时，是知道日心说的，但他觉得如果地球在转动，那么人由东向西行走都不可能，因此地球运动是不可思议的。在哥白尼时代，托勒密对日心说提出的问题仍然存在，因为惯性定律和万有引力定律均没有发现。所以，哥白尼时代先进的科学很难从哪一种学说和实验更符合来判定谁是真理。也就是说，可判定条件不成立。那么是什么因素促使在哥白尼及其以后的时代，日心学说被越来越多的科学家接受呢？国外很多科学史家认为，这和范式转变有关。哥白尼学说对托勒密学说在科学上是进步，代表思想解放的潮流。而托勒密学说当时却为愚昧反动的教会所拥护。

现代科学史家把范式看作一个时代内一群科学家所共同遵守的一些准则，认为范式对科学理论影响极大。我们认为，所谓范式，实际上就是在检验真理时，由于可判定条件不成立，人们在运用实践是检验真理的最终标准时，同时使用的一些中间标准。[①] 它们不是检验真理的最终标准，而是一些中间路标，对把认识过程引向正确的道路、减少错误来说是有意义的。因此我们认为，通过科学家和哲学家的共同努力搞清楚范式究竟是什么以及它在认识论中的意义是很重要的。

5.8　科学和人

最后，我们从黑箱认识论的角度来谈谈什么是自然规律，以及它们和人的关系。

哲学家把规律定义为现象间的本质联系，黑箱理论则将规律看作变量间的约束。实际上这些说法是等价的。为什么

---

① 我们在20世纪七八十年代写作和修改本书时，在说明现代科学的扩张机制中，遇到如何说清楚其中中间环节的问题，因此不得不借用库恩"范式"的概念，但正如作者之一金观涛后来指出的，库恩的"范式说"从来没能给"范式"一词一个清晰的定义，它也没能最终解释现代科学革命是如何发生的。（参见金观涛：《消失的真实：现代社会的思想危机》，中信出版集团2022年版，第273—275页。）

可以把规律看作黑箱输入和输出或者输出之间的联系？就拿牛顿第二定律 $F = m \cdot a$ 为例，它无非是说当变量 F、m、a 3 个之中任意2个的值确定之后，第三个变量的值就不是任意的了。有规律可循，就是变量联系的可能性空间存在缩小的可能。尽管变量的形式各式各样，规律总可以表示或联系可能性空间的缩小（即约束）。发现规律就是确定变量之间的联系。

规律可以分为一般规律和特殊规律。某一规律成立所依赖的条件越少，这一规律越普遍。水在100℃沸腾、三角形两直角边平方之和等于斜边的平方、熵增加、能量守恒等都是规律，但它们的普遍性不同。水在100℃沸腾依赖的条件是压力为一个大气压、水的纯度一定、没有外场存在等。三角形勾股定理只有在欧氏空间内成立。熵增加成立的条件是孤立体系。而能量守恒则是最普遍的规律。

黑箱认识论指出，人类对规律普遍程度的认识取决于其变革世界的能力，随着人控制自然的能力的增加，其认识规律的普遍性越大。因为人是在改造和控制世界的过程中认识规律的，只有改造世界的能力达到一定程度，才能发现自然界更深层次的不变量。古人不知道水在100℃沸腾是特殊规律，因为他们不能控制气压，因此也不可能找出这一特殊规律所依存的条件。如果人不是先认识了机械能，控制了热能、电能等，能量守恒定律就不会被发现。

人类认识规律是一个逐步展开的过程。随着人类观察和改造客观世界的能力增强，变量及变量之间的约束关系也越来越多地被发现。随着科学的发展，人们原来所发现的变量之间的约束关系，往往被发现是处于更多变量的约束之中。也就是说，随着科学的发展，人们将发现更多的规律所依存的条件。这实际上就意味着一个普遍规律将越来越演变为一个特殊规律。

这种现象在科学史上是极为明显的。到目前为止，19世纪人们公认的那些自然界的最普遍的规律，几乎没有一个是无条件成立的。19世纪能量守恒定律被认为是最普遍的规律，相对论出现后，它变为低速运动中的特殊规律，而代替它成为规律的则是质能转化规律。19世纪化学元素被认为是不变的，随着放射性的发现和人对放射性控制的加强，元素的变化实现了，继而质子和中子被认为是不变的。20世纪50年代之前，宇称守恒被认为是自然界的普遍规律，随着弱相互作用力的研究和发现，证明这一规律只是对强相互作用力适用的特殊规律，而一个新的规律被提出来了，即如果系统实行镜映射，同时把物质变为反物质，那么新的守恒是存在的。

这种规律的普遍性下降现象说明人类的认识过程是有方向性的，这种方向使科学按照由低级向高级的顺序发展。它也说明人所认识的自然规律都是以人为中心向纵深延伸的。

黑箱认识论还指出，人从不把完全可控的客体当作科学研究的对象。一条船在海里航行，航向受风、海浪、机械误差等因素的影响，船长并不把一切因素都作为研究对象，实际上船长想到的是增强对舵的控制能力，用反馈控制来排除这些干扰，只有当这些影响不可控制的时候，它们才会成为科学研究的对象。所以说，当人类对自然谋求更大的控制权时，科学才会产生。而那些人类一时无法控制但又企图去控制的事物便会成为科学研究的第一批对象。一旦人类认识到了那些不可控变量与可控制变量之间的联系，其控制权就会扩大到那些原先不可控制的事物中。认识到的这种联系被称为自然规律。这些规律使人的控制范围扩大，这扩大了的范围又成为科学的新起点……因此，科学有一个中心，有一个出发点，这个中心就是人本身，而出发点则是人最初所具有的控制能力及其可能控制的那一批变量。原始人只有一双手和一身力气，他最初的控制变量是其力所能及的物体的位置，他可以把木柴堆到一起，可以钻木取火。人一旦控制了火，就有可能控制简单的化学反应，可以炼铁。铁使人对自然界的控制权进一步扩大了……科学技术就这样开始发展起来。人作为科学的中心，四肢能控制的变量和五官能感到的变量就是科学技术的出发点。人类所使用的工具和仪器都是围绕这个出发点而发明的，从这个出发点开始，一圈一圈扩展开来，伸向无穷远处。科学的光辉照亮了黑暗的宇宙，而这光辉的源泉就是人。

　　理解到这一点，给我们什么启示呢？它告诉我们，一个时代的人所认识的真理都是相对的，它直接依赖于人在自然界的位置，和人控制自然的能力。它告诉人们，就科学本身来说，它永远是以人为核心展开的。深入理解这一点，对于认识自然界和认识我们自己，都是重要的。它也是控制论与科学方法论得出的最重要的结论。

附 录

关于12个乒乓球问题

沈学宁　　陈宗泽[1]

如何在一架没有砝码的天平秤上，通过称3次，找出12个乒乓球中唯一的1个次品球（它可能是稍重也可能是稍轻），是一道有趣的题目。

爱好动脑筋的人，只要花上一番工夫，是能够把它称出来的，其称法如下：

把12个乒乓球编成1—12号。

第一次，把1—4号放在天平左边，5—8号放在天平右边。

一、如果天平平衡，说明1—8号都是正品；次品在9—12

---

[1] 在本书1983年版本中，该附录的署名为钟宁，系两位作者沈学宁和陈宗泽的笔名。让人痛心的是，2000年8月沈学宁在美国圣何塞去世，去世时才46岁。他在1985年获北京大学理学博士学位，曾任北京大学副教授，后为美国资深软件工程师，毕生致力于信息科学研究，系指纹专家。沈学宁的去世让人惋惜。因此当本书在新世纪再版的时候，我将附录的作者署名为沈学宁、陈宗泽，以纪念我们在20世纪70年代的友谊。

号中，那么，第二次，把3个正品放在天平左边，把9、10、11号放在右边。这就会出现3种情况：

（一）如果天平再平衡，说明次品球就是12号球。第三次只要用1个正品球去与12号称一下，就可知道次品球是偏轻还是偏重了。

（二）如果9、10、11号比3个正品球重，就说明次品球一定在9、10、11号中，并且一定是偏重的。那么，第三次只要拿9号与10号对称一下，就可知道3个球中哪一个是次品了。

（三）同样，如果9、10、11号比3个正品球轻，我们也能用上述方法找到那只偏轻的次品。

二、如果第一次称的时候，天平不平衡：左轻右重（也可以是左重右轻），说明9—12号是正品，次品在1—8号中。并且，1、2、3、4号可能偏轻，5、6、7、8号可能偏重。这样，第二次称，天平的左边放3个可能是轻的1、2、3号和1个可能是重的5号；天平的右边放3个正品球和1个可能是轻的4号。见下图。（数字上加一点是可能偏轻的记号，数字下加一点，是可能偏重的记号）。这时也有3种情况：

（一）如果天平平衡，说明次品在6、7、8之中，并且是偏重的。这样第三次称重时，只要拿6与7对称，就能找到

次品。

（二）如果左轻右重，说明次品在1、2、3中，并且是偏轻的。同样，也能在第三次称时找出次品球。

（三）如果左重右轻，那就说明次品不是5就是4，已知5是可能偏重的，4是可能偏轻的。第三次称只要拿这2个球中的任一个去和一个正品球对称就能鉴别出哪是次品了。

现在，我们已通过逻辑推理，把12个乒乓球中那个次品找出来了。

上述方法虽然也是可靠的，但思路比较复杂、混乱，而且不能举一反三；在12个球中找到了次品，那么，13个球呢？14个呢？……120个呢？这就又需要苦苦地思索和反复地实践了。

如果用控制论的方法来解这个题目，就显得较为全面且科学了。我们试解如下：

题目的原意是：如何在一架没有砝码的天平秤上，通过称三次，找出唯一的一个（不知是偏重还是偏轻的）次品球来。

用控制论的观点来看，次品球虽然存在于12个球内，但由于不知道它是偏轻还是偏重，就使得次品球的可能性空间成了一个二元向量，它的一个分量是12，另一个分量是2（轻或重两个可能性），总的可能性空间是12×2＝24。

在本书第一章中，我们已介绍过，对一事物的控制能否成功，有控制公式：

$$M/Q \leqslant m_A$$

其中M表示该事物的总的可能性空间；Q表示工具或人对事物的控制能力；m_A表示事先预定的工作目标。

如果上式能够成立，那么对于这个事物的控制能够成功，否则，就不能实现。

现在我们已知总的可能性空间M＝24，事先确定的目标m_A＝1，那天平秤的选择能力（即控制能力）Q等于多少呢？

经过计算，我们得到Q＝3。现将计算过程写在下面。由于计算比较复杂，读者可以跳过［　］号中的一部分而直接看具体秤法。

［我们知道：控制力Q＝M/m，M表示总的可能性空间，也就是实行控制前的可能性空间，m表示经过控制（即选择）后所剩下来的可能性空间。比值M/m的大小表示了选择（即控制）（200）前后次品球的可能范围（即可能性空间）变化的程度，Q越大，选择能力就越强。

现在，我们把待称的n个球（不一定是12个，因为这一计算必须适于任意多的球）分成3组：a、b、c（使a+b+c＝n）。因为次品球是可能偏轻，也可能偏重的，所以总的可能性空间的数目是2n，而其3个组的可能性空间分别是2a、2b、2c。

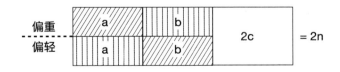

如果我们将a组放在天平的左边，b组放在天平的右边那就存在3种可能情况：①a组重；②b组重；③a、b平衡。如图所示，如果情况①发生，就意味着次品球要么在a组中并且是

偏重的；要么在b组中并且是偏轻的。因此次品的可能性空间就从2n缩小到a+b，即图中的斜线部分。

同样，如果情况②发生，则可能性空间也从2n缩小到a+b，即图中的直线部分。

而如果情况③发生，则表明次品球在没有放上天平秤的c组中，所以可能性空间就从2n缩小到2c，即图中空白部分。

由于a、b、c三组不一定是相等的，所以我们就得到了3个不同的选择能力：

$$Q_1=2n/a+b; \quad Q_2=2n/a+b; \quad Q_3=2n/2c。$$

当然，这3个值的任何一个都不能作为正确的选择能力而采用的。

我们可以设想：如果做了许多次同样的实验（每次都是把n个球分成a、b、c三组，然后把a、b两组放上天平去称），结果有几次会出现情况①，有几次会出现情况②，还有几次是③。于是我们必须在平均值的意义上，求出一个Q的值来作为代表。为此，需要先引进一个新的概念：选择率（或控制率）。选择率$P=1/Q=m/M$，它是选择能力的倒数，它的值越小就表示选择力越大。

因此，对于前面3种情况有：

$$P_1=a+b/2n; \quad P_2=a+b/2n; \quad P_3=2c/2n。$$

假如做了A次实验后，情况①、②、③出现的次数分别为A_1，A_2，A_3次，那么，平均选择力$*P$为：

$$*P=(A_1P_1+A_2P_2+A_3P_3)/A=(A_1/A)P_1+(A_2/A)P_2+(A_3/A)P_3$$

其中A_1/A，A_2/A，A_3/A可以分别看作是情况①、②、

③发生的频率，当 A→∞ 时，就分别等于①、②、③发生的概率：

$A_1/A = P_1 = a+b/2n$，$A_2/A = P_2 = a+b/2n$，

$A_1/ = P_3 = 2c/2n$

即：

$\star P = [(a+b)/2n]^2 + [(a+b)/2n]^2 + (2c/2n)^2$

$= 1/4n^2 [2(a+b)^2 + 4c^2]$

可以看出，对于不同的 a、b、c 数值，就有不同的 P 值，也就是说，我们对于乒乓球的不同编排，或不同称法，将使天平显示出不同的选择率，从而也得到不同的选择能力。那么一架天平秤究竟具备多大的选择能力呢？我们怎样编排乒乓球才能最大限度地利用天平秤（指没有砝码的天平）呢？

为此，我们来计算一下 $\star P$ 的极值。

因为 $a+b = n-c$，所以有：

$\star P = 1/4n^2 [2(n-c)^2 4c^2]$

$= 1/2n^2 [n^2 - 2nc + 3c^2] = 3/2 [1/3 - 2c/3n + c^2/n^2]$

$= 3/2 [2/9 + (c/n - 1/3)_2]$

所以，当 $c/n - 1/3 = 0$，即 $c = 1/3$ 时，$\star P$ 有极小值 $1/3$。

当然，$\star P$ 的极小值也就意味着选择能力的极大值，所以天平秤的最大选择能力是 3。并且，当我们编排乒乓球时，应该尽量把 a、b、c 三组的数值分得一样，只有这样，才能最大限度地发挥天平秤的选择能力。]

知道了天平秤的选择能力 Q＝3 以后，我们就可以利用控制公式 $M_总/Q_总 \leq m_A$ 来计算一下我们能不能解决 12 个乒乓球问题。

因为M$_总$＝12×2＝24，m$_A$＝1

又因为Q＝3，一共可以称3次，得Q$_总$＝3×3×3＝27，代入控制公式，得

$$24/27＜1$$

控制公式成立，所以此题能解。

具体称法计算如下：

设第一次称x个球（也就是天平的左右各放x/2个），留在桌上y个球。

这时，如果天平是平衡的，那次品一定在y个球中，并且不知道次品是偏轻还是偏重的。再称二次要称出，就必须有

$$2y/9≤1 \qquad （1）$$

如果天平不平衡，那么，次品一定在x个球中，但已知道天平一边的x/2个不会是偏重，另一边的x/2个不会是偏轻的。那么剩下的可能性空间就是x/2+x/2＝x，再有二次要称出，就必须有：

$$x/9≤1 \qquad （2）$$

又因为 $\qquad x+y＝12 \qquad （3）$

所以解方程组（1）（2）（3）可得：

$$x＝8，y＝4。$$

再计算第二次称法：根据第一次的结果，有两种可能：

A：次品在y个球中。则与第一次相同：设x$_1$+y$_1$＝4，

又2y$_1$/3≤1，x$_1$/3≤1，可得x$_1$＝3，y$_1$＝1。

B：次品在x个球中。设我们在第二次称时，从天平上拿掉a个（换上a个正品），动移位置（从天平左边或右边移到右边或左边）b个，不动c个。结果有3种可能：

1.如果平衡，则次品在a中。2.天平倾向和上次一样，则次品在c中。3.天平倾向与上次相反，则次品在b中。对于这3种情况，我们都得再称一次就找到次品，因此有：

$$\begin{cases} a/3 \leqslant 1 \\ b/3 \leqslant 1 \\ c/3 \leqslant 1 \end{cases}$$
$$a+b+c=8$$

解此方程组可得3组解，这3组解都是正确的。

$$① \begin{cases} a=2 \\ b=3 \\ c=3 \end{cases} \qquad ② \begin{cases} a=3 \\ b=2 \\ c=3 \end{cases} \qquad ③ \begin{cases} a=3 \\ b=3 \\ c=2 \end{cases}$$

下页三个图分别表示上面的3种称法。

现在，我们已经解决了12个乒乓球的问题了。用这种控制论的方法，我们还可以算出13个乒乓球的称法和断定14个球是称不出的（或称出但不知道次品到底是偏重还是偏轻）。用这种方法，还可以解决更多和更复杂的问题，读者们如有兴趣，可以自己再去试试。